孩子超喜爱的科学日记

好玩的
数学

肖叶 赵春燕 / 著　　杜煜 / 绘

以日记为引，讲数学百科
1分钟了解1个知识点

人民文学出版社　天天出版社

日记好看，科学好玩儿

国际儿童读物联盟前主席　张明舟

人类有好奇的天性，这一点在少年儿童身上体现得尤为突出：他们求知欲旺盛，感官敏锐，爱问"为什么"，对了解身边的世界具有极大热情。各类科普作品、科普场馆无疑是他们接触科学知识的窗口。其中，科普图书因内容丰富、携带方便、易于保存等优势，成为少年儿童及其家长的首选。

"孩子超喜爱的科学日记"是一套独特的为小学生编写的原创日记体科普童书，这里不仅记录了丰富有趣的日常生活，还透过"身边事"讲科学。书中的主人公是以男孩童晓童为首的三个"科学小超人"，他们从身边的生活入手，探索科学的秘密花园，为我们展开了一道道独特的风景。童晓童的"日记"记录了这些有趣的故事，也自然而然地融入了科普知识。图书内容围绕动物、植物、物理、太空、军事、环保、数学、地球、人体、化学、娱乐、交通等主题展开。每篇日记之后有"科学小贴士"环节，重点介绍日记中提到的一个知识点或是一种科学理念。每册末尾还专门为小读者讲解如何写观察日记、如何进行科学小实验等。

我在和作者交流中了解到本系列图书的所有内容都是从无到有、从有到精，慢慢打磨出来的。文字作者一方面需要掌握多学科的大量科学知识，并随时查阅最新成果，保证知识点准确；另一方

面还要考虑少年儿童的阅读喜好，构思出生动曲折的情节，并将知识点自然地融入其中。这既需要勤奋踏实的工作，也需要创意和灵感。绘画者则需要将文字内容用灵动幽默的插图表现出来，不但要抓住故事情节的关键点，让小读者看后"会心一笑"，在涉及动植物、器物等时，更要参考大量图片资料，力求精确真实。科普读物因其内容特点，尤其要求精益求精，不能出现观念的扭曲和知识点的纰漏。

"孩子超喜爱的科学日记"系列将文学和科普结合起来，以一个普通小学生的角度来讲述，让小读者产生亲切感和好奇心，拉近了他们与科学之间的距离。严谨又贴近生活的科学知识，配上生动有趣的形式、活泼幽默的语言、大气灵动的插图，能让小读者坐下来慢慢欣赏，带领他们进入科学的领地，在不知不觉间，既掌握了知识点，又萌发了对科学的持续好奇，培养起基本的科学思维方式和方法。孩子心中这颗科学的种子会慢慢生根发芽，陪伴他们走过求学、就业、生活的各个阶段，让他们对自己、对自然、对社会的认识更加透彻，应对挑战更加得心应手。这无论对小读者自己的全面发展，还是整个国家社会的进步，都有非常积极的作用。同时，也为我国的原创少儿科普图书事业贡献了自己的力量。

我从日记里看到了"日常生活的伟大之处"。原来，日常生活中很多小小的细节，都可能是经历了千百年逐渐演化而来。"孩子超喜爱的科学日记"在对日常生活的探究中，展示了科学，也揭开了历史。

范小米
米 粒

童晓童
童 童

皮尔森
高 兴

　　她叫范小米，同学们都喜欢叫她米粒。他叫皮尔森，中文名叫高兴。我呢，我叫童晓童，同学们都叫我童童。我们三个人既是同学也是最好的朋友，还可以说是"臭味相投"吧！这是因为我们有共同的爱好。我们都有好奇心，我们都爱冒险，还有就是我们都酷爱科学。所以，同学们都叫我们"科学小超人"。

童晓童一家

童晓童 男，10岁，阳光小学四年级（1）班学生

我长得不能说帅，个子嘛也不算高，学习成绩中等，可大伙儿都说我自信心爆棚，而且是淘气包一个。沮丧、焦虑这种类型的情绪，都跟我走得不太近。大家都叫我童童。

我的爸爸是一个摄影师，他总是满世界地玩儿，顺便拍一些美得叫人不敢相信的照片登在杂志上。他喜欢拍风景，有时候也拍人。其实，我觉得他最好的作品都是把镜头对准我和妈妈的时候诞生的。

我的妈妈是一个编剧。可是她花在键盘上的时间并不多，她总是在跟朋友聊天、逛街、看书、沉思默想、照着菜谱做美食的分分秒秒中，孕育出好玩儿的故事。为了写好她的故事，妈妈不停地在家里扮演着各种各样的角色，比如侦探、法官，甚至是坏蛋。有时，我和爸爸也进入角色和她一起演。好玩儿！我喜欢。

我的爱犬琥珀得名于它那双"上不了台面"的眼睛。在有些人看来，蓝色与褐色才是古代牧羊犬眼睛最美的颜色。8岁那年，我在一个拆迁房的周围发现了它，那时它才6个月，似乎是被以前的主人遗弃了，也许正是因为它的眼睛。我从那双琥珀色的眼睛里，看到了对家的渴望。小小的我跟小小的琥珀，就这样结缘了。

范小米一家

范小米 女，10岁，阳光小学四年级（1）班学生

　　我是童晓童的同班同学兼邻居，大家都叫我米粒。其实，我长得又高又瘦，也挺好看。只怪爸爸妈妈给我起名字时没有用心。没事儿的时候，我喜欢养花、发呆，思绪无边无际地漫游，一会儿飞越太阳系，一会儿潜到地壳的深处。有很多好玩儿的事情在近100年之内无法实现，所以，怎么能放过想一想的乐趣呢？

　　我的爸爸是一个考古工作者。据我判断，爸爸每天都在历史和现实之间穿越。比如，他下午才参加了一个新发掘古墓的文物测定，晚饭桌上，我和妈妈就会听到最新鲜的干尸故事。爸爸从散碎的细节中整理出因果链，让每一个故事都那么奇异动人。爸爸很赞赏我的拾荒行动，在他看来，考古本质上也是一种拾荒。

　　我妈妈是天文馆的研究员。爸爸埋头挖地，她却仰望星空。我成为一个矛盾体的根源很可能就在这儿。妈妈有时举办天文知识讲座，也写一些有关天文的科普文章，最好玩儿的是制作宇宙剧场的节目。妈妈知道我好这口儿，每次有新节目试播，都会带我去尝鲜。

　　我的猫名叫小饭，妈妈说，它恨不得长在我的身上。无论什么时候，无论在哪儿，只要一看到我，它就一溜小跑，来到我的跟前。要是我不立马知情识趣地把它抱在怀里，它就会把我的腿当成猫爬架，直到把我绊倒为止。

皮尔森一家

皮尔森 男，11岁，阳光小学四年级（1）班学生

我是童晓童和范小米的同班同学，也是童晓童的铁哥们儿。虽然我是一个英国人，但我在中国出生，会说一口地道的普通话，也算是个中国通啦！小的时候妈妈老怕我饿着，使劲儿给我搋饭，把我养成了个小胖子。不过胖有胖的范儿，而且，我每天都乐呵呵的，所以，爷爷给我起了个中文名字叫高兴。

我爸爸是野生动物学家。从我们家常常召开"世界人种博览会"的情况来看，就知道爸爸的朋友遍天下。我和童晓童穿"兄弟装"的那两件有点儿像野人穿的衣服，就是我爸爸野外考察时带回来的。

我妈妈是外国语学院的老师，虽然才36岁，认识爸爸却有30年了。妈妈简直是个语言天才，她会6国语言，除了教课以外，她还常常兼任爸爸的翻译。

我爷爷奶奶很早就定居中国了。退休之前，爷爷是大学生物学教授。现在，他跟奶奶一起，住在一座山中别墅里，还开垦了一块荒地，过起了农夫的生活。

奶奶是一个跨界艺术家。她喜欢奇装异服，喜欢用各种颜色折腾她的头发，还喜欢在画布上把爷爷变成一个青蛙身子的老小伙儿，她说这就是她的青蛙王子。有时候，她喜欢用笔和颜料以外的材料画画。我在一幅名叫《午后》的画上，发现了一些干枯的花瓣，还有过了期的绿豆渣。

目 录

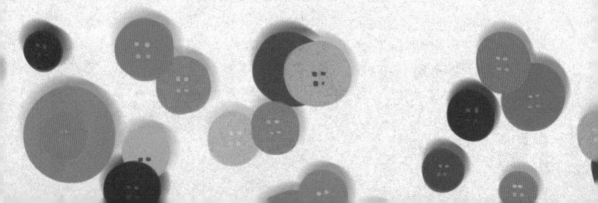

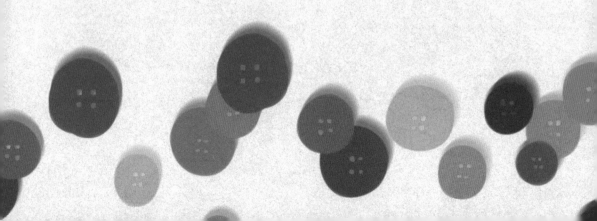

1月10日 星期三
二年级的回忆

每次碰到容易出错的数学题型，数学老师都会变着法儿地出同类型的题目给我们做。虽然觉得很烦，但是我们都知道，老师是为了我们能更好地掌握知识点。

这两天因为二年级的数学老师请假，我们的数学老师就被派去代课了。二年级、四年级两头跑，数学老师忙得脚不着地，我们看着都替她感到辛苦。

回想我们二年级刚学九九乘法表的时候，有几个同学在背比 5 大的数字的乘法口诀时总会出错，高兴就是其中一个。不过高兴背不下来纯粹是因为他没有花时间去背，后来他背了几

遍也滚瓜烂熟了，但另外几个没背顺的同学就不是这么回事了。我记得有个女同学因为老是背错乘法表而没有办法顺利地完成作业，就不停地哭。数学老师看了也很着急，于是就想出了一个妙招，让背不好乘法口诀的同学也能顺利地做作业——用手指算！

首先，我们要把手摊开，手心朝向自己，大拇指朝上。然后，把自己两只手的大拇指编为6，食指为7，中指为8，无名指为9，小拇指为10。

接下来就可以计算了。当时她教我们算的第一题是"8×9=？"计算的时候要先把一只手编号为8的手指与另一只手编号为9的手指对顶在一起。

然后，把顶在一起的手指以及位于它们上方的所有

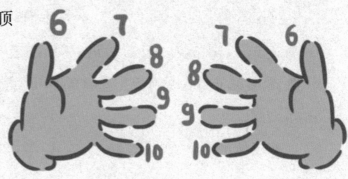

手指归为第一小组，而位于下方的手指归为第二小组。

接下来，要计算一下第一小组的手指数目，是 7。还要算一下第二小组里左右手手指数目的乘积，$2 \times 1 = 2$。然后，把第一次计算得数作为十位上的数，第二次计算得数作为个位上的数，答案就是 72！

虽然直接用手指很方便，但是米粒却提出了一个疑问，要是有人的左手多一根手指怎么办？

老师说同样可以计算，不过编号的方法会有所不同。对于左手有 6 根手指的人来说，他需要把小拇指编号为 11，余下左手手指依次为 10、9、8、7、6，而右手也从小拇指开始，依次为 11、10、9、8、7。

同样计算"$8 \times 9 = ?$"，运用和刚才一样的方法，得到的答案是 66。别以为 66 是错的，因为这个人有 11 根手指，所以他算出来的 66 是十一进制的。66 意味着 6 个 11 加上 6，$66+6=72$！

老师教的手指算数有趣又好用，不只是没背下乘法口诀的

同学会在做作业的
时候用这种方法，
我记得当时很多已

经记住乘法口诀的同学也会在做作业的时候用自己的手指头来
做。不知道这次数学老师去二年级代课会不会也教他们用手指
算乘法呢？二年级的同学们一定也会和当初的我们一样觉得很
有趣吧。

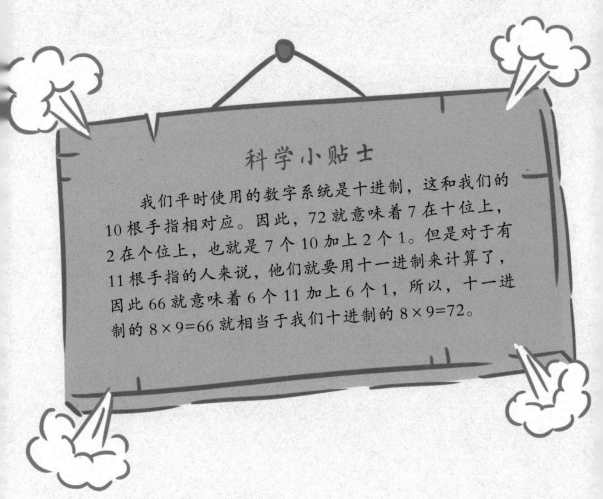

科学小贴士

　　我们平时使用的数字系统是十进制，这和我们的
10根手指相对应。因此，72就意味着7在十位上，
2在个位上，也就是7个10加上2个1。但是对于有
11根手指的人来说，他们就要用十一进制来计算了，
因此66就意味着6个11加上6个1，所以，十一进
制的8×9=66就相当于我们十进制的8×9=72。

1月12日 星期五
新鲜出炉的数字

上午最后一节课，数学老师说："为了让大家熟练掌握三位数乘两位数的计算方法，好在期末考试时取得好成绩，我准备了100道题，你们周末回去好好练习。"同学们听了真不知道是开心还是郁闷。

这个消息着实影响了大家的食欲，在匆匆解决午饭后大家纷纷选择伏案做题。不过，高兴倒是很淡定。

高兴走到我们身边幸灾乐祸道："哈哈，做算术很有趣吧！"

莫非是被数学老师逼得走火入魔了？高兴居然会说这样的话！

"作为同班同学，"我把手搭在高兴肩上说，"高兴兄，你也是要做的呀！"

　　"是啊，"高兴脸上似乎掠过一丝无奈，也可能是我看错了，"但我觉得很好玩儿！昨天，我爸爸看到我做乘法时一脸无趣，就传授给我一个让乘法变有趣的方法——线做。"

　　米粒提醒高兴："现做？！数学老师可不喜欢一大早新鲜出炉的作业。"

　　"不是那个'现做'，我爸的意思是'用线做'。"高兴解释道，"来来来，看我的，为师教你们！"说着高兴就抢过我的笔和

草稿纸，用 123 × 23 演示起来。

先画一条右边翘起约 45° 的斜线表示被乘数百位上的 1。

在前一条斜线下稍远的地方用同样的方法再画两条靠得比较近的平行斜线表示被乘数十位上的 2。

接下来画出被乘数个位上的 3。

用同样的方法按照从左下到右上的顺序把乘数十位上、个位上的数用平行斜线画出来，不过表示乘数的线是左边上翘的并要与表示被乘数的线相交。

从左往右数一数直线交叉点的数

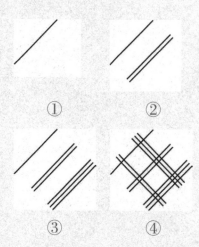

量，分别为 2、7、12、9，如图。

由于 12 是两位数，所以要把它十位上的 1 给前面的 7。这样一来交叉点数量就变成了 2、8、2、9，最终答案就是 2829！

嘿嘿，高兴这套"线做"的方法确实有趣！不过在感叹之前，我得赶紧把刚出炉的答案填到作业本上去！

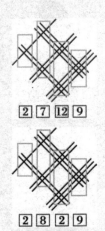

科学小贴士

说到乘法，印度的乘法表可以算到 19 呢！也可以说是 1919 乘法表，这可是神奇又有效的算法哦！

以 12×15 为例：

1. 把被乘数本身 12 和乘数个位上的 5 相加（12+5=17）。
2. 把第一步的答案乘以 10（$17 \times 10=170$）。
3. 把被乘数个位上的 2 乘以乘数个位上的 5（$2 \times 5=10$）。
4. 把第二、第三步的答案相加（170+10=180），答案为 180。

她说他是一个比我们小一两岁的男孩，是一个对任何美味的东西都没有抵抗力的男孩。

她夸他的记忆力很棒，但好像只针对和动物有关的知识。

她曾经很担心他的算术，因为哪怕是算过的题目他也还是会算错。算术恐怕是他最讨厌的东西了。

不过在她的激励下，他不但努力战胜了讨厌的算术，还获得了喜爱的美食。

那是她第一次自己做酸梅汤。因为天气太热，家里又没有冰箱，她就把酸梅汤装在一个密封的大瓶子中，并用绳子把瓶子吊在了井里。一段时间后，酸梅汤就被井水镇得凉凉的。

她给男孩尝了一口从井里拿出来的酸梅汤，又酸又甜又凉爽，男孩立马就爱上了！不过，她却要求男孩给她倒一杯酸梅汤，只有按规定倒完了，男孩才能接着喝。

说是倒一杯酸梅汤，可却没有那么简单！

她给了男孩两个杯子，分别是 500 毫升和 600 毫升的，男孩必须用这两个杯子倒出 300 毫升的酸梅汤给她。

美食当前，男孩表现出了非凡的毅力，屡战屡败，屡败屡战，

最终用了 5 步成功倒出 300 毫升的酸梅汤！

1. 先用 500 毫升的杯子装满酸梅汤后倒进 600 毫升的杯子里。

2. 将 500 毫升的杯子装满并继续往 600 毫升的杯子里倒，直到 600 毫升的杯子装满为止。这时 500 毫升的杯子里还剩 400 毫升的酸梅汤。

3. 把 600 毫升杯子里的酸梅汤全部倒回大瓶子里。

4. 再把 500 毫升杯子里剩下的 400 毫升酸梅汤倒进 600 毫升的杯子里。此时 600 毫升的杯子里有 400 毫升酸梅汤。

5. 再把 500 毫升的杯子装满，往 600 毫升的杯子里倒，使 600 毫升的杯子装满为止。此时 500 毫升的杯子里就只剩下 300 毫升的酸梅汤了。

这是今天在高兴奶奶家听到的故事。"她"就是高兴奶奶，"他"就是高兴爸爸。高兴奶奶今天也给我们做了酸梅汤，真的很好喝！

　　没想到高兴爸爸居然会为了酸梅汤挑战讨厌的算术，看来美食的力量真的很大！高兴奶奶说在高兴爸爸小时候，她经常用美食激励他练习算术，后来高兴爸爸的算术真的变好了。

科学小贴士

　　回家后，我问爸爸他小时候有没有类似的经历。爸爸说没有这么励志的，不过有非常抱歉的。爷爷在爸爸小时候送给他一只圆滚滚、毛茸茸的小狗，爸爸叫它毛球。小毛球很可爱，只是它杂乱无章竖起的毛让爸爸感觉很不舒服，于是爸爸就想把它的毛给抚平。但是小毛球的毛似乎成心和他较劲儿，根本不愿听话倒向一个方向。一气之下，爸爸就把毛球的毛给剪光了，可爱的毛球一下子变成了丑陋的光球。后来，爸爸学习拓扑学中的毛球定理，懂得了想要抚平一个长满毛的球是不可能的，他便对小毛球感到非常抱歉。幸好爸爸已经知道了毛球定理，不然琥珀就要变成"琥珀光"啦！

2月21日
星期三
执着的琥珀

高兴来我家的路上会经过超市，琥珀的狗粮吃完了，我就麻烦高兴在来的时候帮忙买一袋。高兴买来狗粮后说他发现了一件奇怪的事，琥珀爱吃的这款狗粮换包装了。

我和米粒一致表示换包装一点儿也不奇怪。

高兴让我们注意包装上的图片。图片上是一只小狗身边放着一袋和包装相同的狗粮。可是这有什么奇怪的吗？

"当然奇怪！"高兴斩钉截铁地说，"图片上那袋狗粮的包装上也有一只小狗和一袋狗粮，那袋狗粮包装上也一定还有一只小狗和一袋狗粮。一直推导下去，这袋狗粮包装上就有无限的小狗和狗粮包装！只是它们小到我们看不见。"

被高兴这么一说还真是呢！我忽然想到妈妈之前看的一本叫《点计数器点》的书里也有这样的无穷推导。

菲利浦·夸尔斯是这本书里的一个人物，他是一个正在创作一本小说的作家，他的小说写的是一个正在写一本关于一个作家正在创作一本小说的作家……

听到包装袋的声音，原本趴着休息的琥珀一下就跑了过来。可是在看了一眼高兴拿的狗粮后，它却马上掉头跑去了厨房。它把厨房垃圾桶里旧的狗粮包装袋给叼了出来放在我的脚边，然后看着我，不停地摇着尾巴。我知道，它的意思是"我要吃原来的"。

"可它就是原来的呀！"高兴拆开包装，抓出一把狗粮放在琥珀鼻子前，试图跟琥珀解释。但是琥珀趴在地上，耷拉着眼皮，发出呜咽的声音表示不接受。

"琥珀最近怎么了？怎么变得这么执着，执着得跟数字一样。"米粒疑惑道。

数字执着？这下轮到我和高兴疑惑了。

米粒说的执着的数字是 6174。因为任意一个各位数字不全相同的四位数，把它的四个数字从大到小排列，再从小到大排列，用前一个数减去后一个数，不断重复操作，7 次之内，6174 一定会执着地出现在你面前。

以 3614 举例来说。把它从大到小排列是 6431，从小到大排列是 1346。然后相减。

6431−1346=5085

8550−0558=7992

9972−2799=7173

7731−1377=6354

6543−3456=3087

8730−0378=8352

8532−2358=6174

6174 居然真的出现了！

看来米粒说得没错，琥珀确实执着得跟数字一样。但是狗粮已经拆开了，不能退货了，而且市场上应该买不到旧包装的狗粮了，要怎样才能让琥珀接受新包装的狗粮呢？

高兴知道我在忧虑什么，他一手捡起我脚边的旧包装袋，一手拿着那袋新狗粮去了门外。再进门的时候高兴手上就只有旧包装袋了，但是里面有满满的狗粮。琥珀见了一下就跑向了狗粮，一头扎进了包装袋里。原来高兴是把新包装袋里的狗粮倒进了旧包装袋里。

不过，我以后不会每次都要这样骗琥珀吧？总是欺骗可不行，得和米粒、高兴一起想想别的办法！

科学小贴士

像高兴发现包装袋上有无穷多的狗粮包装这样的现象被逻辑学家称为无穷倒退，它是逻辑学中的悖论。无穷倒退最普通的例子就是鸡和鸡蛋的问题。究竟是先有鸡还是先有鸡蛋？如果先有鸡，但鸡不是从鸡蛋里出来的吗？要是先有鸡蛋，可是鸡蛋不是鸡下的吗？就这样，无穷倒退出现了。

至于米粒提到的执着的四位数6174，它有一个名字，叫作Kaprekar常数。在三位数中也存在着一个执着的家伙——495。

2月23日 星期五
美食新领域新研究

今天我们仨去了高兴爷爷奶奶家。一进门，各种美食的香味就争先恐后地往鼻子里钻。不用想也知道，一定是高兴奶奶又大显身手了。我们一边咽着口水，一边屁颠屁颠地跑进厨房。"你们仨不能吃！"高兴奶奶一声喝止，让我们仨伸向蛋糕的手停在了半空中。

"为什么？！"高兴一下就急了。

要知道，蛋糕是导致我们口水满溢的源头，吃下蛋糕是治理"水灾"唯一的方法。虽然我和米粒没说什么，但是高兴奶奶做的美味蛋糕只能看不能吃，我俩的心情绝对跟高兴是一样的。

高兴奶奶看到我们仨的表情就乐了，笑着解释说："天下没有免费的午餐，想吃蛋糕就得先帮忙把这几个蛋糕切了给邻居们送去一些。"

"就切个蛋糕？太简单了吧！"高兴的表情立马来了个180度的大反转。

"嫌简单？那好吧，难度升级！"高兴奶奶也收起之前乐呵呵的表情，严肃起来。

就因高兴一句"太简单"，美味的蛋糕差点儿又要和我们的小肚肚擦肩而过了。

高兴奶奶说的"难度升级"是给切蛋糕增加了条件，每个蛋糕我们只能切三刀，但是要切出等量的八块。

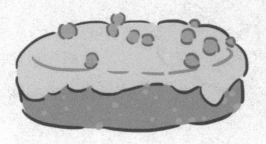

三刀明明只能切出六块蛋糕，怎么能切出八块呢？我完全是"丈二和尚摸不着头脑"，不过米粒好像知道其他切法。她问高兴奶奶能不能少几块，改成三刀切出等量五块，可惜奶奶无情地说一定要八块。

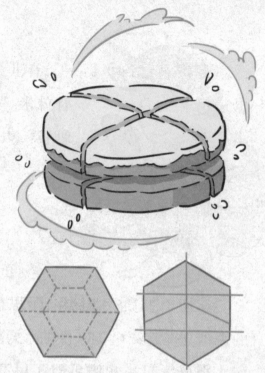

"奶奶您下次做六边形的蛋糕吧。那样我就能顺利切出等量的八块了，用十一刀和五刀两种方法。"想不出三刀八块切法的米粒用手指蘸了水在桌子上比画起把六边形蛋糕切成八块的两种方法来。

看完米粒的比画，我看向一直都没有出声的高兴。

我惊奇地发现，高兴对于美食领域的研究居然已经拓宽到了切法！默默地，高兴已经把两个蛋糕切好了！我和米粒一边忍住嘴里不断分泌的口水，一边赶紧模仿高兴的切法切起了蛋糕。

我们先拦腰在蛋糕的中间横着切了一刀，然

后在蛋糕的顶面切了一个十字，八块等大的蛋糕就出来了！就这么简单！我们以最快的速度切完了其他几个蛋糕，然后变身快递员赶紧给领居们送蛋糕去了。

完成任务，我们终于可以品尝到辛苦劳动换来的美味蛋糕啦！

科学小贴士

事实证明，是我高估高兴了，高兴并没有把他对于美食的研究拓宽到美食的切法。其实，三刀八块的切法是他在一本书上看到的脑筋急转弯。

米粒提到的三刀五块也是她在一本书上看到的，方法也很简单。第一刀先横切在蛋糕腰上约五分之一的地方，切下的这五分之一就是第一块。然后在剩下的蛋糕顶面切十字，五块体积几乎相等的蛋糕就分好了。

为什么他俩都看到过蛋糕的切法，就我没有呢？

嗯……一定是我看的书太少了！

3月29日 星期四
老零的计算器

为了锻炼我们的写作能力，学校语文教学组会不定期举行写作比赛，优秀的作品有机会被拿到学校橱窗展示。

这一次是小组赛，两到三人一组，要求写十二星座的故事，题目自拟。为了防止小组里有人浑水摸鱼，比赛规定大故事里要有和小组人数相等的小故事，每个人都要做一次小故事的主创者。

我们绞尽脑汁，终于挤出了一个星座小镇的故事。不过时间有限，今天只写了我想到的"老零的计算器"这个小故事。

星座小镇之老零的计算器

星座小镇，一个存在于遥远天边的古老集镇。两条把小镇分为四个区域的交叉主干道几近垂直，看起来很像直角坐标系

中的 x 轴和 y 轴，所以星座小镇又被叫作象限小镇。小镇的四个区域也有自己的名字，东北方向的区域叫"第一象限"，西北方向的区域叫"第二象限"，西南方向的区域叫"第三象限"，东南方向的区域叫"第四象限"。

小镇上居住着十二个星座家族，由于每个家族成员的数量不同，所以他们各自拥有一到三栋房子，同一家族的房子即使位于不同的象限，门牌号也是相同的。

每天都会有很多外乡人到小镇邀请相应的星座为他们刚出生的孩子占卜。占卜是各星座家族相同的谋生方式。

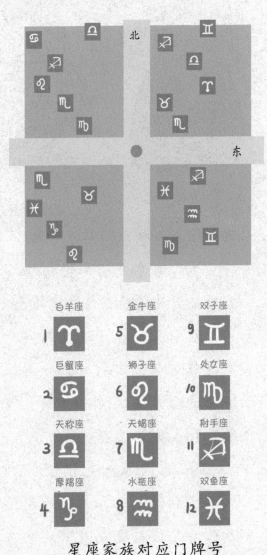

星座家族对应门牌号

为了把小镇建设得更好，所有想要占卜的外乡人都得去小镇十字交叉路口的古树树屋里找镇长老零登记，老零会在外乡人缴纳的委托金中扣除一小部分小镇建设金，然后再通过小镇广播通知相应的星座家族。

镇长老零是一个坚持物尽其用的人，身边的物品不管多么老旧，只要还能使用，老零就一定会留着它。

老零有一台只能计算到十位的计算器，在现在这个计算器功能越来越强大的时代，两位数计算器显得太落后了。老零为了让这台计算器物尽其用，特意给它量身定制了一个用途——帮外乡人确定星座家族的位置。

原本，外乡人找老零登记的时候会直接说出自己要找的星座的名字，但是老零为了让两位数计算器派上用场，他会要求外乡人只告诉自己星座家族的房子位于哪个或者哪几个象限。如果被委托的星座家族的房子在第一象限，那么老零就会在计算器上加 1；如果在第二象限，就会加 2；如果在第三象限，则加 4；如果在第四象限，则加 8。计算器上得到的最终数字就是受邀请的星座家族的门牌号。例如，外乡人说他要找的星座家族的房子在第三、第四象限，那么老零就会在计算器上做 4+8=12 的计算，门牌号 12，对应的是双鱼座家族。

这样一来，老零的计算器不但有了用武之地，而且好像还成了外乡人委托星座家族占卜前必不可少的工具！

科学小贴士

将十进制的 12 转换为二进制，有一个换算公式：$12=1 \times 2^3+1 \times 2^2+0 \times 2^1+0 \times 2^0$，可得二进制数为 1100，由此，你能想出老零计算器的奥妙吗？

4月2日
星期一
米粒怎么办

"我究竟是怎么了，要是哪个中午见不到你，一到下午，大数也不会读了，小数的算术也不会做了。你说，这会是爱吗？"高兴满脸疼惜地低着头，"可今天的你怎么瘦了许多呢？"

"你那不是爱，是贪，贪吃的贪！高兴啊，碗里的火腿都被你吃掉一大半了，它当然变瘦了许多。嫌学校午餐只有一个荤菜太少就直说嘛！"米粒一边吃着碗里最后几片青菜一边说。

"不是少，是孤独！它们每天都会被无情地分到各个碗里，孤身一人，与同类隔碗相望……"说话间，高兴的目光已经落到我碗里的火腿上，我赶紧采取保护措施，夹起火腿一股脑儿往嘴里塞。"不过更重要的是，肉在父系社会被看作非常适合男性的食物，因为肉可以提供让男性身体强壮的能量。"高兴夹起那块"瘦了许多"的火腿，"作为男性的我对此深信不疑，

34

所以才一直坚持着对肉的偏爱！"对火腿行完注目礼，高兴把剩下的火腿全都放进了嘴里。

"同意！虽说我吃嘛嘛香，但是似乎吃肉感觉更香。"我提议，"或许学校可以分男女餐，男生多给一点儿肉！"

"好建议！"高兴想着肉乐呵呵地傻笑起来，米粒却好像有点儿忧伤。

"没想到这么快就要和你们分开了，"米粒收拾着碗筷说，"我们下午一起去提建议吧，男女生也应该有专属的桌子！毕竟在大家印象里，弧线形家具是女性的象征，有棱有角的则是男性的象征。哎，我们以后吃饭只能隔桌相望了！"米粒说完就洗碗去了。

高兴疑惑道："这么说来，男生应该用方桌，女生

应该用圆桌。不过米粒用圆桌合适吗？"

我把头埋在饭碗里，问："哪里不合适？"

可高兴好像没有听见我从饭碗里发出的疑问，独自认真地思考着更关键的问题。

"男生餐应该要几个荤菜呢？要不两个？"高兴若有所思，"不行，偶数是女性的象征，还是三个好，奇数既符合男性象征，又能满足我的胃。然后女生两个荤菜，外加一些柔软的红色果子，那些应该是女生比较喜欢的吧。"

我说："这搭配不错！"

高兴担忧道："但米粒怎么办？"

"什么怎么办？"高兴的问题让我有点儿"丈二和尚摸不着头脑"。

"米粒是女汉子，应该给她几个荤菜？"

"哈哈！难怪你觉得米粒不适合用圆桌。我看，要不——两个半？"

后来我们找了老师，不过老师以均衡营养为由，婉拒了我们所有的建议。

科学小贴士

每天中午被单独分到各个碗里的肉肉们很孤独，而在数字家族中居然也有孤独者存在！它们叫"孤独数"。在数论中，如果两个正整数之间有某种关系，它们就互为"朋友"。但有些正整数没有任何朋友，它就是一个孤独数。

其实今天是个特别的日子——"世界孤独症日"。孤独症也被叫作自闭症，患这种病的孩子有时被叫作"来自遥远星球的孩子"，因为他们就像是来自遥远的星球一样，和我们进行正常的语言交流有障碍，往往喜欢做一些刻板、重复的动作。他们十分需要得到人们的关注和关爱，所以联合国才会在 2007 年 12 月通过决议，从 2008 年开始，每年的 4 月 2 日被定为"世界孤独症日"。

4月4日 星期三
大家都是4

早上在校门口碰到高兴，我和米粒劈头便问他有没有4。高兴以为我们在开玩笑，一个劲儿说自己没事。我和米粒之所以会这样问，是因为昨天的数学作业。

数学老师让大家回家统计30个邻居在1～10中最喜欢的数字，并画成柱状图。高兴昨天放学后和妈妈一起去了爷爷奶奶家，要知道高兴爷爷奶奶的山中别墅周围可没多少邻居，那选择4的人肯定就更少了。至于为什么4很重要，这在班里可是不言而喻的。

数学老师在我们眼中一直是个很特别的人。对于我们犯的错,她的处罚方式从来只有两种类型: 小手很累型和大脑很强型。前一种就是让我们反复做同一个类型的题目,虽然最终我们都会因此熟能生巧,但是总拿着笔不停地写真的很累! 后一种是她似乎总能用数学的方式来让我们明白错在何处,让我们知道怎样去改正,这让我们都很佩服自己拥有很强的大脑! 因此,我们暗地里都称她为"魔女"。

昨天下课前, "魔女"特意表达了 4 月 4 日出生的她对于 4 的偏爱, 以及对于柱状统计图上 4 的数据柱鹤立鸡群的期待。所以统计任务在大家眼里最后就变成了"寻找爱 4 人士"的活动。

但在中国寻找喜欢 4 的人可不容易。阿拉伯数字起源于印度,经由阿拉伯人传入欧洲并发展成熟。在我国,因为 4 是"死"的谐音,这一数字时常会遭到人们的嫌弃。果不其然,昨天晚饭后我和米粒分头去找邻居做调查,邻居们还真没有人喜欢 4。无可奈何, 为

博"魔女"一笑，更为了避免小手很累型的处罚，我和米粒请出了阿拉伯数字的外国朋友。

我俩分别在纸上画出古埃及数字和罗马数字的 1～10，然后再次出发，这次也不问邻居喜欢什么数字了，而是问这 10 个图形他们最喜欢哪个。统计完后，我们的 4 的数据柱虽然没有参天耸立，但在所有柱子中的长势还算不错。

今天上学路上我和米粒都担心高兴的统计表中会没有 4，可高兴的 4 的数据柱不但顶天立地，还一枝独秀，想必"魔女"一定会非常喜欢高兴的统计图。

看我和米粒一脸吃惊，高兴笑着说，因为他没找到足够的邻居，就干脆把奶奶养的一窝小鸡崽当作了邻居。他拿了 10 个碗分别标上 1～10 号，然后在 4 号碗里放了小鸡崽喜欢的小米。就这样，小鸡崽们都被引诱去了 4 号碗，成了数字 4 的忠实粉丝。

上课后，果然很多同学的统计图上没有 4 的数据柱，大家都低头静候"魔女"发落。可"魔女"居然让大家不要怕没

有人选4，因为其实1～10
中的每个数字都可以是4。
说着，"魔女"就转身在
黑板上写了10个等式，把
1～10都变成了4！

$$1=\frac{44}{44} \qquad 2=\frac{4}{4}+\frac{4}{4}$$

$$3=\frac{4+4+4}{4} \qquad 4=4\times(4-4)+4$$

$$5=\frac{(4\times4)+4}{4} \qquad 6=4+\frac{4+4}{4}$$

$$7=\frac{44}{4}-4 \qquad 8=4+4+4-4$$

$$9=4+4+\frac{4}{4} \qquad 10=\frac{44-4}{4}$$

科学小贴士

要是我昨天给邻居们比1～10
更多的选择，那4的数据柱大概会
像侏儒一样，更加长不高了吧！

比如右边这些罗马数字，我
就会选10，因为它对应的符号是
字母X，谁让我名字里第二个字的
拼音是X打头呢！

又比如这些古埃及数字，妈
妈肯定会选1000，因为那形状很
像她新种的花。

我发现玛雅数字也很有趣，
明天我一定要向高兴隆重推荐玛
雅数字里的7，因为它太像高兴发
呆时的表情了。

罗马数字

古埃及数字

玛雅数字

4月9日 星期一
半吊子迷宫大师

学校附近的游乐园终于扩建完成了，一大早高兴就把游乐园宣传单放在我和米粒面前。

"游乐园建了一个新的植物迷宫，和去年一样，他们还是会在迷宫里举办三人四足比赛，最先走完迷宫的队伍依然可以获得给游乐园设施取名的机会。"高兴激动地说。

"这次我们一定要拿冠军！游乐园里要是有个设施叫'科学小超人'，那简直太棒了！"想到每天都会有游人因为"科学小超人"而快乐，我不禁感到一阵窃喜。

"去年没有拿到冠军，都是因为不

知道那种迷宫没有岔路，沿着墙一直走就能直接走到终点，不然我们也不会因为担心走到死胡同而走得那么慢了。"米粒懊悔道。

我建议："那我们放学后好好练习三人四足吧，今年一定得跑快些！"

米粒连连点头表示同意。

"别急！新的迷宫不一定和旧迷宫一样，搞不好有岔路，跑得快不一定用时最短。"高兴摆出一副迷宫大师的模样，我总感觉高兴要是有长胡子，这时候该像电视剧里的大师一样捋胡子了。

"不同的迷宫有不同的走法，我们应该先来了解一下迷宫的类型。"说着，高兴从课桌里掏出一本迷宫书，翻到夹了书签的一页，指着书页上的一盘"蚊香"说，"我们之前走的那个植物迷宫其实是这种克里特式迷宫，它不会有岔路，也不会有重复的路径，这样的路径被叫作欧拉路径。"

　　"如果我们这次遇到的不是克里特式迷宫，那么就只可能是单连通或者多连通这两类迷宫。"高兴把书往后翻了两页接着讲解道，"如果迷宫里的墙都是相连的，那它就是单连通迷宫；如果迷宫里的墙有孤立存在的，没有和其他墙相连，那么这个迷宫就是多连通迷宫了。"

"那不同的迷宫要怎么走呢？"我心急地问。

"对，怎么走才是最重要的！"米粒同样急切地说。

"这本书上讲了好多迷宫的走法，还有很多迷宫练习。"高兴唰唰唰地翻着书页，"我还没来得及看，嘿嘿！"高兴憨憨地不好意思地对着我和米粒笑。

"哈哈，那我们赶紧一起看吧！"我和米粒不约而同地说。

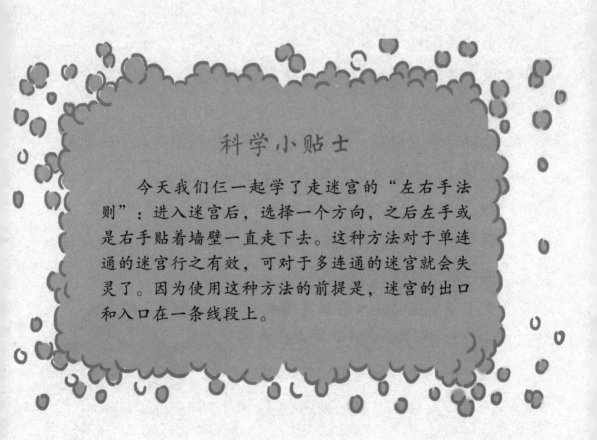

科学小贴士

今天我们仨一起学了走迷宫的"左右手法则"：进入迷宫后，选择一个方向，之后左手或是右手贴着墙壁一直走下去。这种方法对于单连通的迷宫行之有效，可对于多连通的迷宫就会失灵了。因为使用这种方法的前提是，迷宫的出口和入口在一条线段上。

4月11日
星期三
神奇的图片

今天的美术课上，老师拿来一组从某数学网站上下载的照片。在自由分组后，我们"科学小超人"小组分到了一张名为《$f(x)=\frac{x}{10}(\frac{lnx}{2})^{sinx}[16\frac{1}{2},27]$》的照片。

嗯？为什么要叫"$f(x)=\frac{x}{10}(\frac{lnx}{2})^{sinx}[16\frac{1}{2},27]$"这么奇怪的名字呢？

经过老师的解释，原来是因为照片中暗藏玄机——照片中植物所组成的曲线就是函数 $f(x)=\frac{x}{10}(\frac{lnx}{2})^{sinx}[16\frac{1}{2},27]$ 所代表的曲线。

老师让我们回去后以照片为素材，自定主题寻找其他图片，在下周的课上合作完成剪贴小报。

为了确定主题，米粒和高兴放学后来到我家。不过高兴一进我家就像脚踩风火轮一般冲进厕所去解决他的人生大事了，我本来还想让他等到我们确定了小报主题之后再

$f(x)=\frac{x}{10}(\frac{lnx}{2})^{sinx}[16\frac{1}{2},27]$

去呢，因为有研究发现，在一个人非常非常想上小号的时候，他做出的决定会比较理智，或许高兴先和我们一起选主题再去上厕所能够让我们的主题更加贴合老师给的图片呢！

高兴去厕所了，我和米粒两个人只能先对着照片讨论要以什么为主题。

不想爸爸无意间看到老师下发的照片后很是生气，因为照片是他前几天放到自己博客上的风景照，没想到那家数学网站居然擅自使用了照片，不但裁掉了爸爸的水印，还把原本长方形的照片"整容"成了正方形的。

受到爸爸照片被盗用的启发，我和米粒决定以"防盗图"为主题来做剪贴小报，老师给的素材正好可以作为一个案例。

高兴明明只是上小号，为什么会在厕所待这么久？我去厕所门口询问高兴对"防盗图"这个主题的意见，顺便确定他是否还好好的。可是厕所里悄无声息，突然，高兴很可惜地"唉"

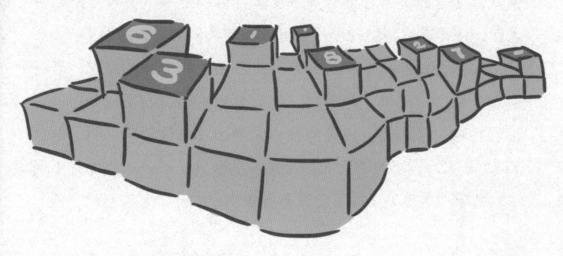

了一声，又说"好吧！"既然高兴同意了，我就和米粒开始在网上检索防盗图的方法了。

我们发现想要防止图片被盗，其实只要找数独帮忙就好啦！

现在有人把数独作为水印印在图片上，就算有一部分图片被裁，通过剩下图片上的数字依然可以确定版权所有者的数独水印，这样，被盗用的图片就可以确定真正的作者是谁了。

就在我和米粒感叹这真是个防盗图的好方法的时候，高兴终于从厕所里出来了。不过，他对数独水印提出了一个疑问。他看到过一个研究，说是都柏林大学的三位数学家证明，至少要17个起始数字才能解出一个唯一的数独，要是被盗图片上剩下的数字个数不到17，不就没有办法确定图片的主人是谁了吗？

有道理！不过如果一张图片被裁掉那么多的话，图片应该算是被彻底毁容，不能看了吧？

所以，数独水印还是可行的。

在定下了小报主题和防盗图的方法后，月亮已经在接太阳的班了，高兴得赶紧回家，我们打算明天再继续确定剪贴小报的其他内容。

放心，我们在做小报时一定会标注图片作者，绝对不会做图片盗用者的！

科学小贴士

数独是一种规则很简单的数字填充游戏。在 9 个 3×3 的九宫格组成的 9×9 的方格里，会有一些已经填了数字的格子，还有一些没有填数字的空白格子。玩游戏的人只要按照规则把所有空白格子都填上数字就可以了：填上的数字需要满足每一个 3×3 的九宫格内以及每一行、每一列 9 个方格中，1~9 这些数字只能出现一次。

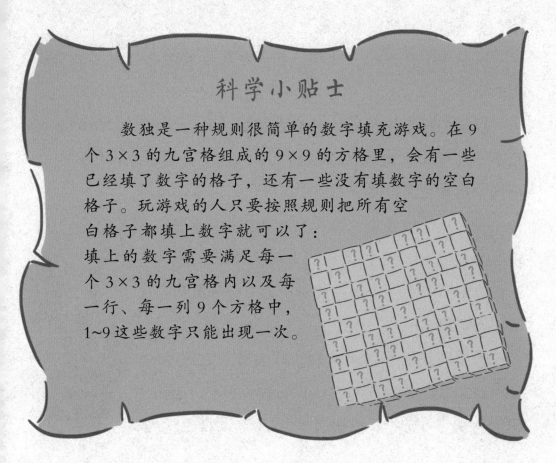

4月27日 星期五
大树别急

"'魔女'有令，下星期以小组形式提交植物身高统计图。具体要求如下：最多3人一组，测量至少10棵同类不同种的植物的高度，做出折线统计图，求出所有植物的平均高度。"

这是中午休息时，数学课代表从数学老师办公室回来后宣布的指令。

同学们纷纷讨论要给什么植物量身高，不过大都局限在花花草草这些没有挑战性的植物上，我们"科学小超人"则与众不同，打算为大树测身高。

不过从学校到家的路边只有栾树这一个树种，为了给10个不同树种的大树测身高，我们仨在放学后去了一个植被茂密的地方——高兴爷爷奶奶家。

到了高兴爷爷奶奶家后，高兴爷爷立刻变身大树总管，带着我们去认识各种大树。一会儿我们就决定了哪10棵树有幸可以知道自己的身

高，只是……

对于宝石花这样的矮小植物，我用铅笔盒里的直尺就可以量出它的身高了；而像郁金香这样略微高一些的花卉，我用卷尺就能解决问题；但是对于雪松这样的大树，我们"科学小超人"就算摞在一起也碰不到它的头顶，怎么办呢？

我们向大树总管求教，果然，大树总管不但认识每一棵树，而且还有办法测量大树的身高！不过我们得先用一块木板、三枚大头针、尺子和笔做一个小工具。

我在高兴爷爷的指导下用尺子和笔在木板上画了一个直角边为 20 厘米的等腰直角三角形，然后高兴和米粒把三枚大头针钉在三角形的三个角上。

小工具做完了，可以帮大树量身高

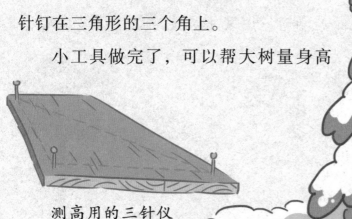

测高用的三针仪

啦！可惜现在太阳已经下班了，要等到白天才行。先在这里记下测量的方法，如果测量的时候忘了还可以翻日记看。

首先，我要站在大树附近，把工具竖直拿在手里，把三角形的一个 45° 角（A 点）保持在一只眼睛前面，使直角边 AB 与水平视线平齐，并让这个角所对的直角边 BC 垂直于地面。然后，由米粒来判断工具上的直角边 BC 是不是垂直地面了。她需要拿一根比木板长的细绳，在绳子的一端系上一块小石头，把绳子的另一端系在另一个 45° 角（C 点）的大头针上。如果细绳与直角边 BC 重合，说明直角边就垂直于地面了。

接着，我要在让直角边 BC 继续垂直于地面的同时，用我水灵灵的眼睛沿着 A 点、C 点连成直线向上看，不断调整我与树的距离，直到可以看到三角形顶端处的树顶。

最后，由高兴来量出我所在的位置到

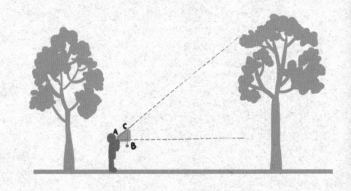

树的距离，以及我的眼睛到地面的距离，再把两者相加，得到的结果就是大树的高度了。

大树们，你们别着急。现在我们万事俱备，只等明天太阳出来了。天一亮，我们就来帮你们量身高！

科学小贴士

类似的测量高度的方法早在公元前 6 世纪就被古希腊哲人泰勒斯用来测埃及金字塔高度了，它虽然古老却很容易操作，因为只要直接测量金字塔影子的长度就可以了。泰勒斯站在金字塔旁边，太阳升起后，当地面上他的影子长度和他的身高一样时，他赶紧去测量了金字塔影子的长度，因为这个时候，金字塔的高度也会等于它的影子的长度，这样就测出了金字塔的身高。

这样的测量方法，其实都是利用了三角形的相似原理以及等腰直角三角形两条直角边相等的原理。

"九八"怎么会是"64"呢？明明是"72"嘛！恭喜我们的米粒顺利夺得"今天谁洗碗"比赛的冠军。

上午的小测验实在是枯燥，午餐过后我们就玩起了倒背九九乘法表（正常的乘法表都是小的数作为被乘数，大的数作为乘数，但在我们的比赛里，必须倒过来，把大的数作为被乘数，小的数作为乘数），三人循环出题，最先答错的人负责洗碗。

不过比赛并没有想象的激烈，还没等班上的小伙伴们猜测最终鹿死谁手呢，米粒就轻松出线，以"九八六十四"拿下了首届"今天谁洗碗"比赛的冠军。

比赛过后，我和高兴两名"手下败将"兴奋地举着自己的吃饭家伙护送冠军米粒前往洗碗池，米粒则是满脸的不服气。眼看米粒脸上快要乌云密布了，我和高兴赶紧调节气氛。

"壮哉，米粒女侠！没想到你这么厉害，我眼睛都还没眨呢，你就赢得了洗碗的殊荣！"我一边高声呼喊一边竖起大拇指，"不过你也别得意，你要是去坦桑尼亚和哈扎人交手，就不会赢得这么轻松了！"

听了这话，米粒脸上的乌云散去了一大片。

高兴赶紧接着我的话说："哈扎人算什么！我们米粒女侠要是去亚马孙的热带雨林挑战毗拉哈人，

那才叫颜面无存呢！因为他们只能数到2，2以上的都叫'很多'。"高兴一边说着一边用手在自己肉乎乎的脸蛋儿旁边比着2。

听完这话，米粒脸上终于晴空万里了。不对，是艳阳高照吧！因为米粒竟自我调侃起来："我应该去原始部落和原始人交手，那我必定会输得更惨！"

"为什么？"我和高兴一起问道。

"因为原始人靠渔猎和收集野果为生，根本不用计算啊！不过回家之后我一定把'九九乘法表'倒背如流，好把和原始人友好交流的机会留给你们！"说完，米粒就微笑着接过我和高兴的碗洗去了。

至于我和高兴嘛，赶紧熟记"九九乘法表"去啦！

科学小贴士

在"九八"上栽跟头的米粒果然发威了，她居然发现了快速计算"九九乘法表"中"9"那一部分的计算方法！

1. 双手摊开掌心向上。

2. 将左手大拇指编为数字1，左手食指为2，依次下去，直到右手的大拇指为10。

3. 然后便可计算了，计算时要先弯曲与9相乘的那个数所在的手指（比如要让2与9相乘，那就弯曲左手食指）。

4. 看看弯曲的那根手指的左右两边分别剩下几根手指（我刚才弯曲了左手食指，现在左手食指的左边只有1根大拇指，而它的右边是8根指头）。

5. 把左边剩下的手指数作为十位上的数（也就是把1放在十位上），右边的手指数作为个位上的数（8放在个位上），合起来就是答案了（答案是18）。

6月7日 星期四 诗歌里的数字

这一定暗示着什么,不然怎么我和高兴才跑出教学楼没多远就下起倾盆大雨了呢?

可能是米粒想要给自己增加一些淑女的气质,当我和高兴跑回教室时,发现她居然安静地在座位上看诗集!

"'重重叠叠山,曲曲环环路。丁丁东东泉,高高下下树。'好有意思的诗!"高兴念着米粒正在看的诗,表情和清朝诗人俞樾的名字一样愉悦,还问我有没有发现其中的妙处。就在这时,预示着"数学魔女"即将登场的上课铃响了。

为了恭候"魔女"的圣驾，我来不及回答高兴，转身就往座位跑，不想竟与"魔女"撞了个满怀。这回死定了，也不知道"魔女"会用什么招法来整治我。

没想到"魔女"居然笑着用解题的方式把这四句诗变成了相对应的数。

第一步：三上二下将诗改成竖式写在黑板上。

$$\begin{array}{r} 重 \\ +\ 重叠 \\ \hline 叠山 \end{array} \qquad \begin{array}{r} 曲 \\ +\ 曲环 \\ \hline 环路 \end{array} \qquad \begin{array}{r} 丁 \\ +\ 丁东 \\ \hline 东泉 \end{array} \qquad \begin{array}{r} 高 \\ +\ 高下 \\ \hline 下树 \end{array}$$

第二步：借字算数

将相同样式的四个竖式用英文

$$\begin{array}{r} A \\ +AB \\ \hline BC \end{array}$$

字母表示。每个竖式里，A、B、C 都代表不同的数字。

第三步：返璞归真

假定 A、B、C 是 0～9 中的数字，AB 中的 A 是十位上的数，所以 AB 也就是 10A+B，然后将竖式还原成等式：

A+10A+B=10B+C，即 11A=9B+C

第四步：百折不挠

把 0～9 依次放入等式 11A=9B+C，通过不断尝试，得出四个结果：

$$\begin{cases} A=5, \\ B=6, \\ C=1, \end{cases} \begin{cases} A=6, \\ B=7, \\ C=3, \end{cases} \begin{cases} A=7, \\ B=8, \\ C=5, \end{cases} \begin{cases} A=8, \\ B=9, \\ C=7, \end{cases}$$

四个竖式就变成了

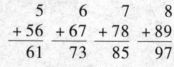

$$\begin{array}{r} 5 \\ +56 \\ \hline 61 \end{array} \quad \begin{array}{r} 6 \\ +67 \\ \hline 73 \end{array} \quad \begin{array}{r} 7 \\ +78 \\ \hline 85 \end{array} \quad \begin{array}{r} 8 \\ +89 \\ \hline 97 \end{array}$$

所以，诗就变成了"55661，66773。77885，88997"。

没想到，这还是一首"数字诗"！

一下课，我就去找高兴，问他课前所说的"妙处"是不是指的就是诗歌里的数字。高兴却冲我吐了吐舌头，回答道："你猜？"

科学小贴士

中国古诗词中包含了丰富的数学内容。通过细致的观察、形象的描述和丰富的想象，诗人们不仅展现了他们登峰造极的诗歌才华，也展现了他们深厚的跨学科功力。

根据专家统计：全唐诗中诗词总数 42975 ，含数字的诗词 23738 ，占百分比的 56%。全宋词中诗词总数 19038 ，含数字的诗词 13748 ，占百分比的 72%。

在一年级我们"科学小超人"操场三结义的时候，由我执笔写了一纸约定，不过小纸条在跟我回家后就找不到了。

昨天整理书架，小纸条居然自己跑出来了！好吧，怪我当初乱塞……纸条上的字真是张牙舞爪啊！

"童童、米粒、高兴永远是好朋友！有好吃的一起吃，有好玩儿的一起玩儿，有困难一起面对！拉钩上吊一白年不许变！——童晓童＋范小米＋皮尔森。"

今天上学路上我迫不及待地拿出失而复得的小纸条给米粒看，她一眼就看出了我的错别字。哎呀，我居然把"一百年"写成了"一白年"！而且米粒还发现一个问题：难道我们只做一百年的好朋友吗？

不行，得把"一百"换了，换成一个代表永远的数字才行！

到校后，我告诉高兴我们的发现。高兴立马推荐了1938年由数学家爱德华·卡斯纳发明的"古戈尔"担此重任，因为"古戈尔"是个很大的数字，它表示的数是1后面跟了100个0！连谷歌搜索引擎都是根据它来命名的。

"100个0！"我吃惊地张大了嘴，"那我要是想把它写成数字，不就要写0、0、0、0、0、0、0、0……"

就在我不停地说着"0"的时候，数学老师正好提前进了教室，还开玩笑说我一定很期待一会儿的数学课，不然怎么上课铃还没打，我就自己先人工打铃了呢！

我赶紧摆手说不是，不过生怕老师以为我的意思是"不想上数学课"，就把事情从头到尾都告诉了她。谁知她说有个很简单的方法，就是让"幂"来帮忙。

"幂"可以让非常大的数字写起来简单，它是表示一个数自乘若干次的形式。

就拿"古戈尔"来说，它用幂表示就是 1×10^{100}。1×10^{100} 的念法是1乘以10的

100 次方或者是 1 乘以 10 的 100 次幂。

原来用幂表达这么方便，要是早知道我就不用"铃、铃、铃、铃、铃、铃……"打铃了。

这么说来，高兴跟我和米粒认识快 4 年了，将近 1460 天，大约 35040 小时，也就是 2102400 分钟，用秒来算的话，用幂表示就很方便了，是 1.26144×10^8 秒。真久！不过我们是要永远在一起的，"古戈尔"可不够，一定得是能表示永远的数才行。

我们仨一筹莫展，数学老师却说其实这更简单了，只要让 8 躺下就好啦！

让"爸"躺下？！想让爸爸躺下确实很简单，可这真的有用吗？

原来老师的意思是把数字 8 横过来——∞。"∞"是一个数学符号，它名叫无穷大，在数学里表示无穷或者无限。我们的数学老师果然有办法！

然后，我们就把纸条改成了"拉钩上吊，∞年不许变！"这次纸条交给米粒保管，放我身边怕是又该不见了。

科学小贴士

在这里，我要和"天文单位"说对不起，我一直都把它当作是用在天文方面的那些单位的统称，没想到它和"光年"一样自己就是长度单位。只不过光年是光在一年里走过的距离，而它则是地球到太阳的平均距离。

话说那些很大的单位用幂来表示真的很方便啊！

$$1 \text{ 天文单位} = 1.5 \times 10^{11} \text{ 米}$$
$$1 \text{ 光年} = 9.46 \times 10^{15} \text{ 米}$$
$$1 \text{ 秒差距} = 3 \times 10^{16} \text{ 米}$$
$$1 \text{ 千秒差距} = 3 \times 10^{19} \text{ 米}$$
$$1 \text{ 百万秒差距} = 3 \times 10^{22} \text{ 米}$$

6月11日
星期一
我一定好好
管它们

早上到校后，我们"科学小超人"就聚在一起，为我们的泥塑作业做最后的修饰。我已经一个星期没剪指甲了，调皮的小泥巴一个劲儿地往我指甲里跑。相反，米粒和高兴的指甲倒是干干净净的，一看就知道是新剪的指甲，泥巴想住进去也没地方。

修饰泥塑的时候，时间跑得特别快，没一会儿早读铃就响了，数学老师带着几个学生走进教室。我们赶紧把泥塑收进课桌，但已经没有时间去洗手了。

数学老师说，昨天班主任遭到了流感病毒的袭击，虽然流感病毒的直径大约只有20纳米，但是可不能因此小看了它，因为就算是普通感冒，也会让人病恹恹度过7～12天，所以这几天数学老师是临时班主任。

怕我们对纳米没概念，老师还特意提了一下幂，说用负幂来表示纳米会比较容易理解，然后她就在黑板上写了等式"1 纳米 $=1 \times 10^{-9}$ 米 $=0.000000001$ 米"。

在数学老师说完后，跟着老师进来的几个同学四散开来走向我们。他们是……

仪容仪表检查团！

天哪，我居然忘了今天是检查仪容仪表的日子！我昨晚忘了剪指甲，刚才修饰泥塑还让它们沾满了泥！怎么办？怎么办？检查团步步逼近，我身边又没有指甲刀，被抓到可是要扣分的！怎么办？

嘿嘿，身边没有指甲刀，嘴里有呀！只可惜我刚把手指放进嘴里，检查团就已经走到我面前了……

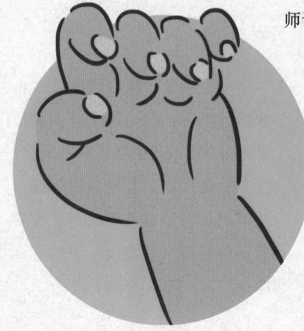

上午的实验课，实验老师请了假，结果又是数学老师进了教室！我们私下都在讨论要不要改口叫她"才女"而不是"魔女"了。

课上，老师用投影仪给我们讲了可以用来观察像原子一样小的东西的电子显微镜，我们看到了在电子显微镜下放大 1000 倍的酱油里的细菌。我怎么觉得一根一根的它们，形状有点儿像味精呢？不过这可不是课程的重点……

在数学老师用手指着仪器给我们做讲解的时候，我忽然发现了她的长指甲，而且还涂着亮晶晶的指甲油呢！

出于师生平等，我在课后提醒她剪指甲。可是她却说大约每秒只生长 1 纳米的指甲长出来多不容易啊，当然要让它们在手指上多待一会儿啦！

可是为什么她的指甲可以在手指上长期生活，而我的不行呢？真是为自己的指甲感到不平。

对此，数学老师的回答是，她时时注意清洁双手，而且没有像某位同学一样有啃指甲的不良嗜好。

真过分，我啃指甲也是形势所迫嘛！以后我一定好好管理指甲，再也不让"魔女"有吐槽的机会了。

科学小贴士

因为一些表示微小数的计量单位的存在，不用负幂出场，很小的数值也可以很简单地表达。来看看这些单位换算成米的话都要用上多少个 0 吧！

1 厘米 =0.01 米 =10^{-2} 米

1 毫米 =0.001 米 =10^{-3} 米

1 微米 =0.000001 米 =10^{-6} 米

1 纳米 =0.000000001 米 =10^{-9} 米

1 皮米 =0.000000000001 米 =10^{-12} 米

1 飞米 =0.000000000000001 米 =10^{-15} 米

1 幺米 =0.000000000000000000000001 米 =10^{-24} 米

1 普朗克长度 =0.0000000000000000000000000000000000016 米 =1.6×10^{-35} 米

普朗克长度是最小的长度单位，它的名字来源于德国物理学家马克斯·普朗克。

10月10日 星期三
迷你高兴爱"钻戒"

铅笔盒内弹尽粮绝，今早和米粒一起上学的路上，我正盘算着要去校门口的文具店买几支笔呢，就碰上了高兴和他手上三颗闪亮亮的东西。

"今天，我要授予我最亲爱的朋友重达4粒角豆树种子的钻戒！"说完，高兴就脱下手指上的两枚"钻戒"郑重地套在我和米粒的手指上。

"谢谢陛下赏赐的大大大钻戒，只可惜它的真身是——糖。"我把"钻戒"放在眼前细细端详了一阵。

"陛下，钻石的重量单位是克拉。"纠正完高兴的错误后，米粒品尝起大"钻戒"来。

"嘿嘿，这是我的新发现。'克拉'的祖先是角豆树种子的重量，1 克拉 =0.2 克，1 粒角豆树种子的重量也大约是 0.2 克哦……"

听着高兴的新发现，我们不知不觉走到了文具店。

看文具店的大爷正在逗婴儿车里的小孩儿，应该是大爷的孙子吧，胖乎乎的，有点儿高兴迷你版的味道！

我挑完笔打算结账，可一摸裤袋却发现自己身无分文。笔已经拿在手上了，却没有钱把它们带走，我看着笔帽上的小玩偶，

它楚楚可怜的眼神似乎在跟我说："主人，我想跟你走！"

我用同样楚楚可怜的眼神向正在店外等我的米粒、高兴求救，他们都无奈地摇了摇头，不过高兴指着我的手指，示意我或许可以用"钻戒"跟大爷换。

这……可以吗？

不试试怎么知道！

不过似乎大爷的孙子对"钻戒"更感兴趣，至于大爷嘛……

"小同学啊，现在不是以物换物的时代，就算我特批你可以用糖换笔，那也要拿重量和笔差不多的糖换才公平啊！就算你有重量差不多的糖，大爷我嘴里这些'残垣断壁'可经不起糖的折腾。如果你不用糖而是像以前的巴比伦人一样用大麦跟我换……那我还是可以考虑的，至少回了家把大麦炒熟了还能泡茶喝。不过1谢克尔是大约180粒大麦的重量，我收你3谢克尔好了，共540粒大麦，少1粒都不行！"

大爷说这些话时，语速飞快，眼睛都没眨一下！这期间眼睛都没眨一下的还有一位，那就是大爷的孙子，他一直盯着我的手——上的"钻戒"！

我没有大麦，米粒也没有，至于高兴，他的书包只盛产零食，不出产大麦……

所以我没有换到笔？不，我换到啦！

正在我打算戴着"钻戒"离开的时候，大爷的孙子哭闹着要吃"钻戒"，平时听起来吵闹的哭声在此刻却是如此美妙！终于，大爷同意跟我换笔啦！

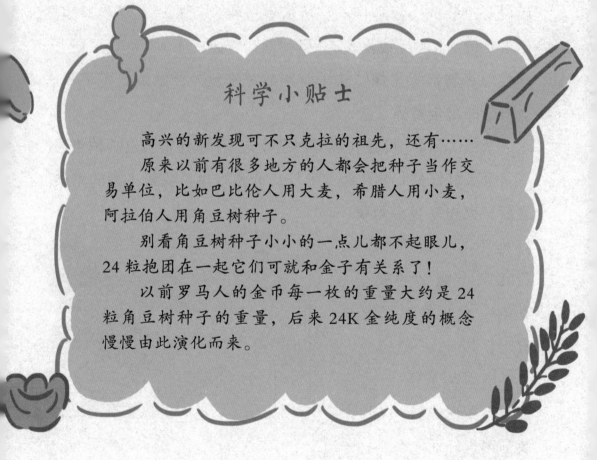

科学小贴士

高兴的新发现可不只克拉的祖先，还有……

原来以前有很多地方的人都会把种子当作交易单位，比如巴比伦人用大麦，希腊人用小麦，阿拉伯人用角豆树种子。

别看角豆树种子小小的一点儿都不起眼儿，24粒抱团在一起它们可就和金子有关系了！

以前罗马人的金币每一枚的重量大约是24粒角豆树种子的重量，后来24K金纯度的概念慢慢由此演化而来。

　　昨天早上，米粒的书架遭到了邪恶势力——老鼠的入侵。为了保住书本的小命，她出门前就在网上订了个七巧板书架，还说要拼装成小饭那样的。可惜下午快递到家后，安装师傅没向米粒请示，就帮她装成了一个"欢乐奔跑的小人"钉在了墙上。米粒怎么看都觉得像"欢乐奔跑的童晓童"，她最受不了我这么嘚瑟的跑步姿势了。

　　米粒气坏了，可是安装师傅已经走了，她还得自己拆掉重装。

　　今天好好的一顿午饭，米粒却老是抱怨是我毁了她的书架。最后，就连高兴也为我打抱不平。就是嘛，我跟那个搁书的架子真的一点儿关系都没有呀！

　　高兴甚至还为素不相识的安装师傅说好话，

说不能怪安装师傅，要怪只能怪发明七巧板的人太聪明了，把一个正方形大卸7块以后，居然能变出那么多形状。

米粒终于开始用嘴巴来吃东西，而不是抱怨我了。

我倒是很大度："要不，把那个嗫瑟的小人变成给你端茶倒水的童晓童，怎么样？"

米粒想了想说："为了表示你的诚意，在这之前，你先帮我把碗洗了吧！"高兴趁火打劫，要我把他的碗也洗了。我还

没点头呢，他俩就一抹嘴走了。

等我带着洗刷干净的碗回到教室，他俩早就趴在课桌上睡着了。天知道他们是不是真的睡着了！

我也赶紧睡吧，再不睡就上课了。不过，我没想到这一睡还睡出了一部侦探片。

梦里，我做了警察。米粒报案说，她订购的六边形砖块被人调包，换成了正方形。我三下五除二就"破获"了这起案件。

为了表彰我顺利破案，公安局局长高兴给我颁奖。奖杯却是一块由三个"L"拼合成的爱心地砖！

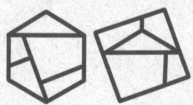

我刚要接过奖杯，米粒就牵着一只七巧板书架猫咪冲进来。她一进来就指责我并没有真的

破案，只是把她的正方形砖切割后拼成了六边形！

公安局的警报瞬间响起，大家都扑向我要把我抓住，我拔腿就跑……

"哎呀！"我与大地来了个亲密接触，准确地说，是我从椅子上摔到了地上。全班同学都看着我，那叫一个万众瞩目！原来，公安局的警报只是上课铃而已。老师进门后还跟我开玩笑说不用行这么大的礼。哎，我的脸都丢到喜马拉雅山去了！

科学小贴士

　　七巧板的秘密就是"343"：七巧板七块拼板的内角度数只有三种，而且都是45°的倍数，分别是45°、90°和135°；七块拼板的边长只有4种，如果拼板中小正方形的边长是1的话，4种边长分别是1、$\sqrt{2}$、2和$2\sqrt{2}$；七块拼板的面积只有三种，如果拼板中小三角形的面积是1的话，三种面积分别是1、2、4。

　　"343"让七巧板有了超级变变变的魔力。

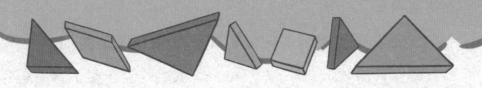

10 月 15 日
星期一
白银A4产子记

早上，高兴一来就问我和米粒知不知道 A4 纸能生孩子的事。我和米粒不约而同地回了高兴一个"你在开玩笑吗"的表情。然后，我就和米粒一起见证了"高兴助产士"的诞生。

咳咳，其实 A4 纸产子过程非常简单，配上高兴的解说后，其本质还是很简单，但是高兴很"尽责"哦！

"在接生之前，让我先把孕妇带到产房。"只见高兴从课桌里小心地捧出一张 A4 纸，然后放到了课桌上。

"现在开始接生！"高兴一脸严肃，把 A4 纸女士沿长边对折，再按折痕撕开，"生产很顺利，是双胞胎，让我们来欢迎诞生在四年级（1）班的 A5 纸姐妹花。"

就这么完了？！

在我还没反应过来的时候，高兴就结束了他的助产工作，而米粒则以其敏锐的洞察力发现，A5 纸姐妹花出生前没有爸爸，出生后连妈妈也消失了。

我赶紧跟上节奏，猜测说它们也许是女儿国的，所以出生前才会没有爸爸。至于出生后没有妈妈嘛……

高兴淡定地解释说这属于无性繁殖中的分裂生殖，没有爸爸，妈妈消失都是正常的。

虽然我生物课的成绩一般，但是分裂生殖的生物会长大我还是知道的，可是 A5 纸怎么也不会长大吧，它怎么能算是 A4 纸的孩子呢？

对此，高兴建议我们从头看问题。

高兴是这样分析的：A 型纸家族中辈分最大的那张纸，是 A5 纸的天外祖母——面积为 1 平方米的 A0 纸，它的长宽比约为 1.414：1，如果把 A0 纸沿长边对折后撕开，A5 纸的高外祖母 A1 纸就诞生了，A1 纸的长度就是

A0 纸的宽度，A1 纸的宽度就是 A0 纸长度的一半，所以 A1 纸的长宽比也是 1.414 ∶ 1。遵循这样的孕育方式，A5 纸的曾外祖母 A2 纸、外祖母 A3 纸、母亲 A4 纸，然后，A5 纸就诞生了。它们都延续了老祖宗给的比例，1.414 ∶ 1。A 序列纸比例和黄金比例 (1.618 ∶ 1) 一样，在古代建筑设计中经常被采用。如果将一张 A 序列纸剪去一个以短边为边长的正方形，可以得到一个长宽之比约为 2.414 ∶ 1 的矩形，这一比例也有一个华丽的名字——白银比例。

最后，我和米粒在勉强接受了 A4 纸能生孩子这件事的同时，得出了一个结论：高兴绝对是一个尽责的助产士，他不但知道怎样帮孕妇助产，连孕妇整个家族的事他都知道。

友情提醒："高兴助产士"的接生工作仅限于 A 型纸张哦！

科学小贴士

其实，一开始听到高兴说"高外祖母 A1 纸"的时候，我还以为高兴是在说 A1 纸很高呢。听到"来外孙女 A10 纸"的时候，我也理解错了，还以为是来了个外孙女呢。幸好后来问了高兴，不然就要错一辈子了。

原来我国对于长辈的称谓顺序是这样的：父、祖、曾、高、天、烈、太、远、鼻。也就是说，爸爸的爸爸是祖父，祖父的爸爸是曾祖父，依此类推。对晚辈的称谓顺序则依次是：子、孙、曾、玄、来、晜（昆）、仍、云、耳。

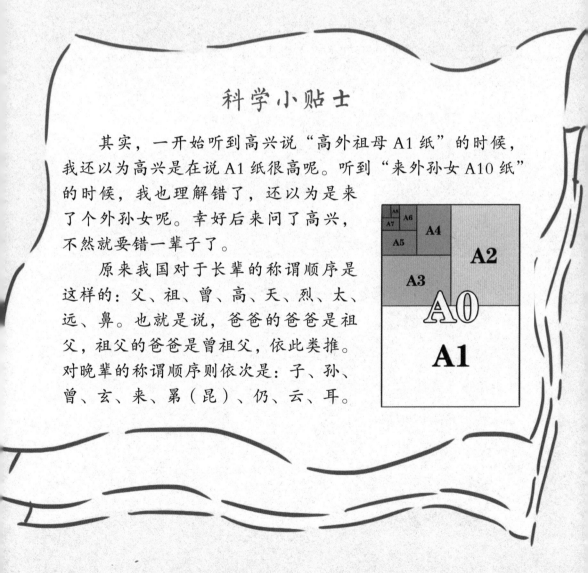

现在想想，如果把白天数学课上老师提的那些问题当作默契测试的话，那我们"科学小超人"的默契度就只有20%。这也太低了！不行！明天得和米粒、高兴商量一下怎么提升我们的默契指数。

默契测试题1：一横一竖两条线，哪条更长？

我：竖线。

米粒：横线。

高兴：竖线。

答案：一样长。

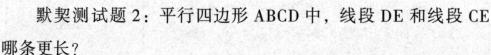

默契测试题 2：平行四边形 ABCD 中，线段 DE 和线段 CE 哪条更长？

我：CE。

米粒：CE。

高兴：CE。

答案：它俩其实一样长。

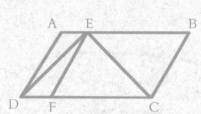

默契测试题 3：下面的图中能看到几个小立方体？

我：10 个。

米粒：22 个。

高兴：12 个。

答案：如果像我一样把深色四边形作为小立方体的顶面，就会数出来 10 个小立方体。如果像高兴一样把深色四边形当作小立方体的底面，就会数出来 12 个小立方体。至于米粒的 22 个，她是把两种情况下看到的小立方体的数量给加起来了。

默契测试题4：下面的4条线段平行吗？

我：不平行。（其实我感觉每条线段都好像有点儿弯。线段AB、线段GH的中间向下弯，线段CD、线段EF的中间向上弯。）

米粒：平行。（米粒说根据前面题目的经验，凭着感觉给出的答案好像都不对。所以虽然她心里觉得不平行，但是感觉"平行"应该是正确答案。）

高兴：不平行。

答案：平行。

默契测试题5：在下面这张图片里，各位同学看到了什么？

我：这是个高脚杯吗？不过它的腿也太粗了吧！

米粒：哪里有高脚杯？不是两张人脸吗？

高兴：这个高脚杯何止腿粗，脚还特别大呢！

答案：像我和高兴一样把蓝色的部分当作背景的话，看到的会是一个杯子。像米粒一样把绿色当作背景的话，看到的会是两张人脸的侧面。

我感觉今天教室黑板上的每日一句很适合现在的"科学小超人"："任何数和零相加减，得到的依然是任何数，就像只说不做，你就永

远只能停留在原地。"

所以，明天讨论出提升默契指数的办法后，我们一定会去实施的！我们绝不会让我们的默契指数只停留在20%！

科学小贴士

其实，导致我们仨没有默契的罪魁祸首是"视觉错觉"。

我们的眼睛看到的东西有时会和实际情况产生出入，从而发生不同的人得出不同结论的情况。

像第四题里的4条平行线，老师在画这4条线的时候确实是平行着画的，只不过在画完之后又画了一些干扰我们判断的斜线，当我们的眼睛看到这些倾斜而且方向不同的线条后便会觉得4条线是不平行的。另外，老师还告诉我们，第5题里的图形被人们叫作"鲁宾双关图形"。

10 月 26 日
星期五
神奇的 9

这个周末，我们"科学小超人"应邀到高兴爷爷奶奶家附近的郊外赏秋，晚上就住在高兴爷爷奶奶家。

难得留宿在高兴爷爷奶奶的别墅，晚饭过后我们仨正讨论着如何欢度今宵呢，突然，窗外一亮，随即耳边一声"轰隆隆"，然后……然后别墅就一片黑漆漆了。

高兴爷爷看着窗外不禁感叹道："看来它的瓦数不小啊！"

高兴不解地问："什么？"

"闪电啊！"高兴爷爷说完就笑了起来。

高兴忍不住抱怨起来："爷爷，我们的良宵计划还没出生就因为断电'胎死腹中'了，您怎么还在这儿开玩笑呢！"

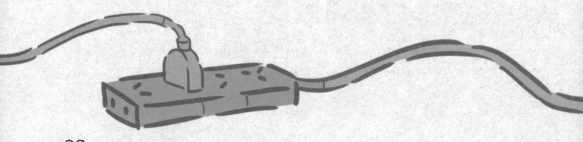

"你们的良宵计划死了，我的可还活着呢！你们要是愿意，我可以特批你们加入哦！"高兴爷爷一边和高兴奶奶点着蜡烛，一边饶有兴致地说。

因为百无聊赖，我们二话没说就成为高兴爷爷良宵计划的追随者。

只见高兴爷爷在桌上的小纸条上神神秘秘地写了些什么，然后一手举着蜡烛，一手拿着纸条，起身走向壁橱，并把纸条放到了壁橱里。蜡烛的火苗随着高兴爷爷的呼吸也在一下一下地摇晃着身体。

高兴爷爷回到桌边坐下，说他的良宵计划是"读心"，并且他已经把读到的结果写在了刚才的纸条上。不过在查看结果之前，我们要先跟着爷爷一起做算术。

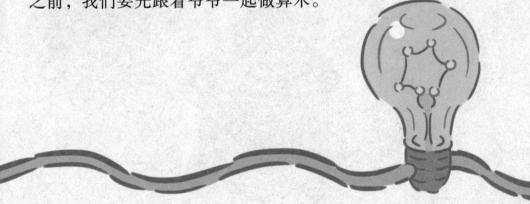

1. 想想家里电话号码的后两位是什么；

2. 把那最后两位数加上爸爸的年龄；

3. 再加上妈妈的年龄；

4. 减去自己的年龄；

5. 减去 9；

6. 加上自己最喜欢的数字；

7. 把得到的答案乘以 18；

8. 把最终答案的每一位数字相加；

9. 如果相加的结果大于一位数，就再把每一位数字相加，

直到得出一位数。

伴随着窗外的电闪雷鸣，我们演算了这 9 个步骤之后，高兴爷爷的良宵计划迎来了高潮。

我的结果是 9，米粒的结果是 9，高兴的结果也是 9！我们赶紧跑去看壁橱里的纸，上面居然也是 9！

妈呀！我的鸡皮疙瘩平时看不到影儿，这会儿倒是很积极，一个一个都跑出来了！

科学小贴士

高兴爷爷说，其实除了"乘以 18"，其他步骤都是噱头，因为乘以 18 之后得到的数字一定是 9 的倍数，从而数字的每一位相加最终得到的也一定是 9。

11月2日
星期五
最美的织物

昨晚去了织女训练营的米粒今早一见到我和高兴就向我们发出紧急求助。

织女训练营是米粒最近报的一个学习毛线编织的兴趣班，紧急求助则是因为这个兴趣班的一个作业——以"美"为主题做一件织物。

我和高兴一致认为想要织物漂亮非常简单，多织些漂亮的花纹就好啦！可是米粒是织女界的新人，她只会最简单的织法。所以，此路不通，必须绕行！

我们三个绕啊绕，绕着绕着，科学课的上课铃响了。本想好好上课，但是我的小脑瓜依旧不听使唤地绕着，一不小心就绕到鹦鹉螺上了。

老师跟我们分享了一个鹦鹉螺小秘密——鹦鹉螺身上的螺线可以看作是黄金螺线。在黄金矩形中

不断分割出正方形，并以正方形的角为中心画弧线顺序连接，就可以得到一条黄金螺线。

黄金矩形是最美的矩形！矩形这么简单，米粒应该织得出吧？可是……

"黄金矩形怎么画啊？"一时没管好嘴巴，我居然直接说了出来！我被自己吓到了，赶紧捂住嘴巴；高兴和米粒被我吓到了，同时对我投来诧异的目光；老师也被我吓到了，不过幸好她把我的意外发声判定为课堂提问，详细地帮我解答了问题。

老师说，黄金矩形的宽除以长的结果约为 0.618，这个比例就是著名的黄金比例。如果把黄金矩形的宽作为边长画一个正方形的话，剪掉这个正方形后，剩下的小矩形也是黄金矩形。所以，如果想要画一个黄金矩形，可以先画一个正方形。

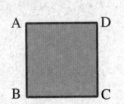

老师在黑板上画了一个边长为 40 厘米的正方形 ABCD，并把边 BC 的中点标记为点 E。

然后，老师把边 BC 向右延长，再以点 E 为圆心，ED 的长为半径，用圆规画了一段圆弧与 BC 的延长线相交。

接着，老师把圆弧与 BC 延长线相交的点命名为 F，再向右延长 AD。

最后，老师再从点 F 向上做 BC 垂直线与 AD 延长线相交，交点命名为 G。四边形 ABFG 就是黄金矩形了。老师说，这里的点

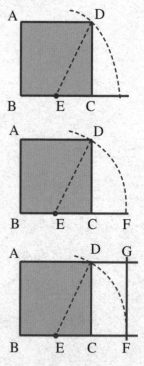

D 和点 C 都可以被叫作黄金分割点，因为线段 DG 除以线段 AD 的结果以及线段 CF 除以线段 BC 的结果都约等于 0.618。

下了课，米粒和高兴赶紧跑来问我上课的时候思想飞到哪

里去了，怎么就忽然说话了。他俩不用猜也知道我一定是开小差了才那样的。

我先是打了个哈哈，说我在想怎么让米粒成为一个优秀的织女。然后如实告诉米粒我想到她可以织一个黄金矩形来交给织女训练营。

对此，米粒虽然觉得有投机取巧之嫌，但是对于她这样的编织菜鸟来说也不失为一剂良方。

不知道米粒最后织出来的织物会是什么样的，但是不管怎样，米粒织女都要加油哦！

科学小贴士

每天升国旗时都能看到国旗上的五角星，但是我怎么也不会想到这五角星上也存在着黄金比例！

正五角星中的每条边与另一条边产生的交点都是这条边上的黄金分割点。比如下图这个正五角星里面，点 B 是线段 AD 的黄金分割点，点 C 也是线段 AD 的黄金分割点。

或许明天我可以建议米粒在她的黄金矩形织物上绣一个正五角星，那样就是美上加美啦！

11月4日 星期日 优秀职员高兴

如果高兴把"将零食丝毫不差地送到自己的嘴里"作为职业的话，那他一定是个优秀的职员。

我们仨打算在今天完成劳技课的小组任务，而作业地点则选在了高兴家里，因为高兴的美味零食一定会让我们的作业过程多一分乐趣。

劳技老师交给我们的任务是利用废纸板进行 DIY 制作。我们仨打算做几个动物形状的支架，用来放置照片、卡片等。可惜出师不利，高兴一开始就闯了祸。

高兴妈妈最近换了一张洁白的新桌子，我们正是在这张桌子上做劳技作业。可是高兴使用油性记号笔在纸板上画线的时候，一不小心就把线画到了桌面上。原本肤白貌美的桌面愣是

让记号笔给毁了容。高兴赶紧找来湿抹布试图擦去笔迹，可是怎么也擦不掉。

米粒提醒高兴，说他用的记号笔是油性的，用水是擦不掉的。不过，根据有机物相似相溶的原理，高兴零食箱里的巧克力倒是可以去掉笔迹。因为油性记号笔里油墨、甘油这类成分是可以和巧克力中可可脂这类成分相互融合的。

听了米粒的话，高兴赶紧拆开了零食盒里的那板四格宽六格长的巧克力。然后，他掰下了一块，对准桌面上的笔迹来回地擦，笔迹果然渐渐变得模糊了。随后，高兴再用湿抹布抹掉桌面上的巧克力，桌面一下就干净了。

"等等！"本想着问题解决了，可以继续做作业了，没想到高兴想到了一个"更重要"的问题，"那我就要少吃一块巧克力了！这怎么行！"

说完，高兴就拿起那板缺了一块的巧克力跑去了厨房。

满是好奇的我和米粒跟了过去。结果，高兴居然拿起了刀！出于安全考虑，我和米粒让高兴赶紧放下刀。高兴却说他只是要把这板残缺的巧克力变完整，不会做危险的事情的。

只见高兴先把巧克力在砧板上放正，缺了一块的部位定为左上角。然后，把从下往上数最左边第二排和最右边第三排作为两个端点，斜着将这板巧克力拦腰切断（详见右图）。

接下来第二刀，高兴把切下来的巧克力的最左边一排切了下来。

最后，高兴把切下来的巧克力的左右两部分交换了一下位置。神奇的事情发生了，巧克力居然真的又变回了一个完整的长方形！

"哈哈！我终于又可以吃到一板完整的巧克力了！"高兴一脸的满足。

对此，我和米粒只能说："佩服！佩服！"

科学小贴士

巧克力明明已经被用掉一块了，怎么还能复原24块呢？其实，一切都只是视觉错位而已。

不要觉得高兴把那板巧克力切一切又换个方法拼起来，巧克力就真的回到了最初的样子。其实拿一板相同的巧克力比较一下就会发现，重组的巧克力已经矮了一截，而矮了的那一截的面积正好是之前用掉的那一块巧克力的面积。所以说，切开巧克力重新拼一拼并不能真的让自己多得到一块巧克力。

用巧克力擦除油性记号笔笔迹的方法，并不是在所有地方都能成功的。因为巧克力只能擦去光滑、细密物体表面的油墨，而像衣服、墙壁或者没有上漆的木制家具，油墨能渗透到其内部，巧克力就无能为力了。

自从米粒知道了回文数——就是自然数里那些不管从前往后看还是从后往前看都是同一个数的数，比如"22""313""5225"这样的——她就被深深地吸引了。只要是和回文数有关系的书籍，她都会看。

前段时间，米粒看到一个关于回文数的猜想：也许所有数字都可以在加上它自己倒过来的那个数后得到回文数。比如243，把它倒过来就是342，243+342=585。只不过有些数要多加几次才能得到回文数，比如462，它需要加三次。

462+264=726　　726+627=1353　　1353+3531=4884

不过也有数字很倔强，让人们至今都没能算出它们的回文数，比如196。这些数被叫作利克瑞尔数。

在知道了得到回文数的方法后，米粒只要一有空儿就会拿起笔算一些数字的回文数，直到今天……

今天米粒在旅游杂志上看到一篇关于回文城的介绍，这个介绍让米粒多了一个梦想——开茶馆。

　　介绍里说回文城是位于我国南方的一个
小城镇。由于这个城镇建于 1881
年这样一个年份是回文数的
年，所以人们给
它取名回文城。
不知是不是受到
了名字的影响，城里很多地
方都可以看到回文的影子。

　　比如，城内诗人作的诗：

　　　　潮随暗浪雪山倾，远浦渔舟钓月明。

　　　　桥对寺门松径小，槛当泉眼石波清。

　　　　迢迢绿树江天晓，霭霭红霞海日晴。

　　　　遥望四边云接水，碧峰千点数鸿轻。

　　把这首诗倒过来念可以念出与原诗同样优美的意境。

　　　　轻鸿数点千峰碧，水接云边四望遥。

　　　　晴日海霞红霭霭，晓天江树绿迢迢。

　　　　清波石眼泉当槛，小径松门寺对桥。

　　　　明月钓舟渔浦远，倾山雪浪暗随潮。

　　又比如，城里词人写的词：

　　　　下帘低唤郎知也，也知郎唤低帘下。

来到莫疑猜，猜疑莫到来。

道侬随处好，好处随侬道。

书寄待何如，如何待寄书。

四句词，每一句的后半句都正好是前半句倒过来的！

还有不得不提的，是回文城的回文茶馆。回文茶馆的特别之处在于他们的回文茶具。茶馆内所有茶具上都刻有特别的回文，比如用得最多的茶碗内的环形文字，不论饮茶者以哪一个字为开头读这句话，都会得到一句让其愉悦的话。而且如果把这几句话排列成诗的形式，不难发现横排的诗竖着读也一样通顺！

可以清心也，

以清心也可，

清心也可以，

心也可以清，

也可以清心。

米粒非常喜欢回文城里的回文茶馆，她说自己不仅想要在假期去一次回文茶馆，而且长大以后也要开一间这样的茶馆。就这样，米粒减少了她计算回文数的次数，把时间用来规划她未来的茶馆，还打算写很多回文小诗刻在她茶馆的茶具上。高兴倒是一点儿也不在乎茶具上的回文，他只提醒米粒一定要记得把茶馆里的茶点做得好吃些。

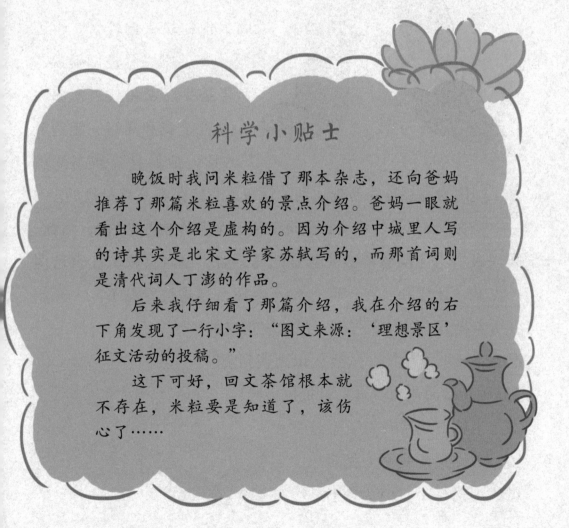

科学小贴士

晚饭时我问米粒借了那本杂志，还向爸妈推荐了那篇米粒喜欢的景点介绍。爸妈一眼就看出这个介绍是虚构的。因为介绍中城里人写的诗其实是北宋文学家苏轼写的，而那首词则是清代词人丁澎的作品。

后来我仔细看了那篇介绍，我在介绍的右下角发现了一行小字："图文来源：'理想景区'征文活动的投稿。"

这下可好，回文茶馆根本就不存在，米粒要是知道了，该伤心了……

当我和高兴一起挤在人群里，高兴总是更容易被看到的那个，就因为他的块头比较大。也因为这一点，妈妈总是调侃说，要是我们家和高兴家出去玩儿，我和高兴一起跑开的话，他们只要找高兴就好了。因为高兴更容易被找到，而我，肯定是在高兴身边的。

一直以来，我总希望自己也变成一个容易被看见的人。对此，高兴表示当他能够禁得住美食的诱惑时，他就会减肥让自己瘦一点儿，那样和我在一起他就不会那么容易被看见了。一开始我听着挺开心的，但仔细一想才发现这种情况是不可能发生的。从我认识高兴到现在，他什么时候对美食有过抵抗力呀！不过米粒倒是帮我想了个好方法，她说只要我努力把自己想成 1 就行了。因为在生

102

活中出现的数字里，以 1 开头的数字出现的概率是最高的，从而更容易被人们看到，相反以 9 字开头的数字出现的概率就很小了。

米粒可不是在瞎说哦，她的话是有依据的。

你随便拿一张报纸，在上面随机找一些数字，会发现一个规律，那就是以 1 开头的数字是最多的，以 9 开头的数字是最少的。这样的规律不仅仅在报纸上，有人在统计世界上 200 多个国家和地区的人口数量时也发现了这个规律。各个国家的人口数量，以 1 开头的多达 27%，但是以 9 开头的就只有可怜的 5% 了。

很意外的是，有人在他们的存折里也发现了这样的规律。

话说有 9 个 A 地的人去 B 地和 C 地旅游，他们的存折里分别有 100、200……900 元的 A 地

货币，这个时候，1～9都出现了1次。然后他们先后把自己存折里的钱换成了B地货币和C地货币，奇怪的事情发生了：1～9出现的次数不再相等，以1开头的数字出现了3次和4次，而以9开头的数字居然没有了！

A地货币	100	200	300	400	500	600	700	800	900
B地货币	357	714	1071	1428	1785	2142	2499	2856	3213
C地货币	2.5	5	7.5	10	12.5	15	17.5	20	22.5

　　看来，我要是把自己想象成1，确实很容易被人看到呀！

　　晚饭的时候我和爸妈分享了米粒的提议，爸爸说其实那个规律是本福特定律。这个定律说的是，在我们平时生活中产生的一些数据里，以1为首位的数字出现的概率大约是数据总个数的三成。

换言之，就是越大的数字，以它为首位出现的概率就越小。

妈妈在听了米粒的提议后是这样说的——她愿意借给我她的高跟鞋穿，那样我就比高兴高很多了，她以后找我和高兴的时候，一定可以先看到我，而且米粒提议的结果只存在于我的想象中，一点儿也不现实。

米粒的提议确实不够现实，但是……穿高跟鞋的话……我看我还是直接踩高跷好了……

科学小贴士

有一点需要注意，本福特定律是有适用范围的。一个是采集的数据要有足够大的跨度，另一个是数据不能有人为的规则限制且不能经过人为修改。

所以，当我们在报纸上验证本福特定律的时候，像电话号码、讣告栏里的年龄等特殊的数字就不能算在里面了。因为讣告栏里的年龄普遍比较大，而电话号码则是受到了人为的限制，像伦敦的电话号码中有很多都是以7或8开头的。

11月13日 星期二
硬币的真面目

有其子必有其父！看我英俊潇洒的脸庞，不用想也知道我爸一定是个风流倜傥的大叔啦！

晚饭过后，爸爸打算尝试一下妈妈编写的故事里的新角色。我果断推荐了才貌双全的警察，可妈妈居然希望爸爸演小偷！爸爸听后立马摘下眼镜对着镜子端详起自己的慈眉善目来：它

们究竟缘何会被妈妈看成贼眉鼠眼呢？

后来，妈妈解释说小偷这个角色只在晚上行窃，白天则会化身摄影师到处踩点。一边是正义警察拥有的俊朗外形，一边是罪恶小偷从事的摄影副业，两个角色都有让爸爸动心的地方，这让爸爸真的有些难以抉择。

为了最终决定选哪个角色，我建议爸爸转硬币决定，毕竟硬币正反哪个面朝上的概率都是50%，很公平。可妈妈却提醒我，别因为硬币很薄就忘了它是圆柱，除了正反两个面，硬币还有个侧面呢。虽然以侧面立住的概率很小，但还是会有那么几次可以神奇地以侧面立住不倒的。既然转硬币不公平，那用大拇指弹硬币喽！就算硬币再怎么想展现金鸡独立的本事，也不能在爸爸的手心里以侧面立住吧？不过妈妈竟然说弹硬币的结果也不公平。

因为硬币两面的重量其实是不一样的，抛掷时重的那面朝下的概率会大些，所以"两面朝上的概率各为50%"的说法并不绝对。另外，有人做过实验，在弹

硬币的过程中，第一次弹出落下后哪面朝上，那么在整个过程中这面朝上的概率就会大些，这也是受弹硬币的人的心理自然偏见影响的。

转硬币不公平，弹硬币又不公平！

爸爸看我钟情于猜硬币，就提出可以用他向朋友借的高速摄像机来帮忙。高速摄像机每秒至少能拍 1000 帧画面，而普通的每秒只有 24 帧。高速摄像机影像中硬币的旋转就像芭蕾舞演员一样优雅！爸爸建议我和妈妈分别猜测硬币被弹出后旋转的圈数，然后由他通过高速摄像机来数出准确圈数，谁猜得准，爸爸就演谁推荐的角色。

不过最后由于数圈数的工作量略大，爸爸果断放弃了。同时，他决定挑战自我，一人同时分饰两个角色！

看完爸爸的表演，
我不得不说，爸爸演得
确实有那么点儿人格分
裂的味道……

科学小贴士

上次高兴抽奖也犯了
以为概率是 50% 的错误。

购买大量数字饼干让高兴有幸参加超市抽奖。奖品是
太阳能玩具车，就算没抽中也能得到一包饼干作为安慰。
玩具车被放在三扇抽奖门中的一扇后面，另外两扇门后面
是空的。高兴在选择了第二扇门后，知道门后情况的抽奖
员故意打开第一扇"空"门，问高兴要不要换。高兴觉得
剩下两扇门，自己的中奖概率都是 50%，所以没换。最后，
高兴"幸运"地得到了安慰奖。其实高兴换不换，概率都
不是 50%！抽奖员打开"空"门并不影响玩具车出现在
三扇门后的概率，选择换的中奖概率是 2/3，选择不换的
概率是 1/3。

其实这样选门抽奖的问题有它
专属的名字，叫蒙提霍尔问题，也
叫三门问题。

11 月 15 日
星期四
橡皮树 "嗒嗒嗒"

我们常说一心不能二用，一个不专心，错误就"嗒嗒嗒"地来了。

今天午休的时候，我一边用计算器验算着数学题，一边听着高兴的东拉西扯。高兴说他猜测足球和病毒可能是远房亲戚，因为正规足球赛上用的足球和有些病毒都与二十面体有关联。只不过足球是和欧氏几何学中的正二十面体关系紧密，而病毒的形状则与伪二十面体有关联。

听着高兴奇特的猜想，我一个不留神就在计算器上把原本的三位数 178 重复输入了两

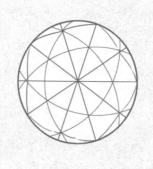

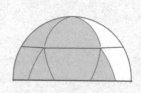
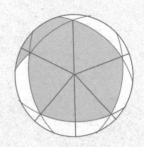

次——变成了 178178。我试图通过计算器上的删除键来抹去自己因为粗心犯下的错误，可不论我是"嗒——"地按删除键，还是"嗒嗒""嗒嗒"地按着删除键，或者是"嗒嗒嗒嗒嗒……"地按着删除键，计算器显示屏上的数字就是纹丝不动！

难道计算器的删除键在这么关键的时刻一命呜呼了？

我疑惑地看向高兴，高兴拿起计算器又是一阵"嗒嗒嗒嗒嗒……"后来，高兴淡定地说："删除键坏了，笔算吧！"

就在我为计算器的删除键呜呼哀哉的时候，米粒回到了教室。她看了看我要验算的题目，又看了看计算器上我输错的数字，说多出来的 178 不用删除键也可以删掉，只要用橡皮数就行了。

我只知道橡皮树可以净化空气中的粉尘，没想到它还可以删掉计

算器上的数字！莫非，我
拿一片橡皮树的叶子放在
计算器屏幕上摩擦就可以
擦掉多余的数字了？

　　米粒解释说不是"橡皮树"，是"橡皮数"——7、11、
13。有了这三个数字，不用删除键，178 也可以被轻松擦除。米
粒是这样做的……

　　先派出橡皮数一号：7。把 178178 除以 7，按下等号得到
25454。

　　再派出橡皮数二号：11。把 25454 除以 11，按下等号得到
2314。

　　最后是橡皮数三号：13。把 2314 除以 13，按下等号，结果

正是 178！

三个橡皮数让 178 回来啦！

不过，既然有橡皮数的存在，那计算器上的删除键不就该下岗了吗？

科学小贴士

计算器上删除键才不能下岗呢！因为橡皮数只在面对形式是 ABCABC 的数字的时候才有用。

在我提出质疑后，米粒坦白说橡皮数这个名字完全是她自己瞎编的，真正起到作用的是数字 1001。

$7 \times 11 \times 13 = 1001$，任何一个三位数（ABC）乘以 1001 后都会变成 ABCABC 形式的数，反过来也成立，任何 ABCABC 形式的数除以 1001 后都会得到三位数 ABC。

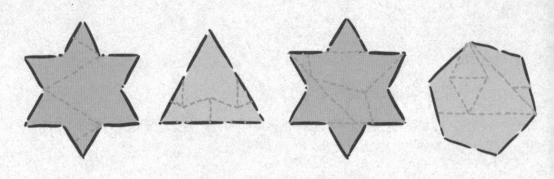

不知是不是学校各学科教研组商量好的，最近学校各学科都围绕图形变换开展教学活动。各门课上都能见到图形变换的影子，今天的语文课和体育课也不例外。

语文课上，老师一上课就在黑板上画了两个六角星，然后让我们开动脑筋帮它们变身，通过分割、拼合的方法把它们分别变成等边三角形和正六边形。高兴课后说，他当时就感觉像是两盘口味完全不同的菜放在一起之后串了味儿，吃起来怪怪的。其实我也觉得，语文课开头有一股浓浓的数学味儿。不过还好，只是开头。

可能是老师自己也感觉他的课串了味儿，也可能是觉得我们的脑瓜转得不够快，在我们还没想到变身方法的时候，老师就直接给出答案并切入正题了。

老师在黑板上把一个六角星分割成了五块，然后把这五块改变了位置，拼成了等边三角形。另一个六角星则是在被分成

114

了七块之后拼成了正六边形。至于正题……

这节课是作文课，而作文要求就是以"六角星变身记"为题目写一则小故事。

再来说体育课。我一直觉得体育课是锻炼身体的，但是今天的体育课似乎还锻炼了脑力。

体育老师安排了队形变换比赛，六人一组，大家要在理解了老师的口令后在最短的时间内将队形做出改变。

在做到最后一个队形变换的时候，我不得不说，米粒真是太聪明了，而高兴，真是太有分量了……

倒数第二个队形，老师说的是"横三竖四做'7'状"，我们一下就列出了队形，但是最后一个队形就有点儿困难了。最后的队形是，在队形"7"

的基础上，一位同学移动，让横排和竖排都有四位同学。

老师口令一出，各个小组就陷入了激烈的讨论：一组才六个人，怎样才能做到两排各有四个人呢？

正当站在"7"的拐角处的我和身旁两位同学讨论着办法的时候，原本站在竖排最后的高兴跑了过来，说米粒想到办法了，只要我和高兴合作一下。合作？我不解地看向米粒，米粒对我做了一个加油的手势。

然后高兴就用双手从后面钩住了我的脖子，一跃趴到我的背上，还用两条腿缠住了我的腰。就在高兴双脚离地的那一刹那，米粒赶紧举手示意老师来判定我们小组的

队形是否正确。结果证明米粒的想法是对的,我和高兴只占了一个位置,但是因为一个位置上有两个人,所以横排竖排都有四个人。

虽然最后一个队形变换我们组是第一名,但是我想说,高兴你真的好重啊!

科学小贴士

高兴如此有分量,跟他对于美食的追求绝对脱不了关系。今天课间,他又跟我和米粒分享他在某个餐厅里尝到的美味。不过在高兴说到不同佳肴价格的时候,我发现这家餐厅菜品价格的尾数很多都是8,难道就因为8和发财的"发"谐音吗?在我看来,没有8,单是"12345679"也可以变化出很美好的结果,比如这样:

$$12\ 345\ 679 \times 9 = 111\ 111\ 111$$
$$12\ 345\ 679 \times 18 = 222\ 222\ 222$$
$$12\ 345\ 679 \times 27 = 333\ 333\ 333$$
$$12\ 345\ 679 \times 36 = 444\ 444\ 444$$
$$12\ 345\ 679 \times 81 = 999\ 999\ 999$$
$$12\ 345\ 679 \times 12 = 148\ 148\ 148$$
$$12\ 345\ 679 \times 15 = 185\ 185\ 185$$
$$12\ 345\ 679 \times 57 = 703\ 703\ 703$$

11月23日
星期二
天下第一尺

夜深了，我进入梦乡了，它们也进来了。

最先说话的是一根汗毛，它很自豪地说："我是'天下'第一尺，因为我的宽度是最小的。"

一开始我还不知道汗毛说的"天下"是哪里呢，从后来"尺子们"的话语里，我才明白，原来"天下"指的是人类的身体呀！

拥有"天下"最大尺寸的身高听了很是不屑地说："你这小身板也敢说自己是'天下'第一？要是碰到没戴眼镜的近视眼，人家连你在哪儿都看不到。要说第一，那应该是我！"

汗毛不以为然："看不见怎么了，看不见我也能让那个人知道我是多么有用，只要有只小虫子就行了。"

"小小汗毛配小小虫，一样不起眼儿！"身高露出一副看不起汗毛的表情。

"瞎说什么呢！我的存在对小虫子来说就如同路障一般，小虫子想要在人的皮肤上顺利爬行就得先通过我。"汗毛努力证明自己存在的意义，"小虫子一旦碰到了我，人类就能马上发现自己皮肤上有虫子啦！那些汗毛少的人就只能晚一些发现虫子喽！"

我不禁想到米粒以前总是庆幸自己手臂上的汗毛不像高兴的那样茂密，但是每到夏天有蚊子落在我们手臂上的时候，高兴总是一下子就感觉到了，米粒却总是在起包之后才发现。原来这中间是有汗毛在起作用呀！

"你是尺子！这么不务正业还好意思说出来！"身高回击道。

"我这叫拓宽业务范围！"汗毛不甘示弱。

"好啦！你俩吵来吵去都没一件正经事。要说'天下第一'那还得是我呀！"手掌站了出来，"想要在'天下'做第一那就得有用！你们身为尺子做过什么有用的事吗？"

大家都无奈地摇了摇头。

"所以嘛，'天下第一'是我！"手掌晃了晃自己的 5 个脑袋，"我做的实事可多了，随便说一件吧。前些天我跟着主人去马场的时候，我就帮主人完成了辨马工作！"

"主人不用你抓缰绳，却用你来辨马？"汗毛好奇地问。

"是啊。在主人的指挥下，我并拢了 5 个脑袋，然后主人以我的宽度测量了马匹从其肩隆到地

面的高度。那匹成年马高于 14.2 手，所以它被叫作马。如果它低于 14.2 手，那它就是矮种马了。我在马场听说，世界上最矮的马被叫作拇指姑娘，只有 4 手高！"

"只有 4 手高啊！"大家纷纷惊叹道。

见大家都听得津津有味，手掌继续说道："这只是最近的事，我再来跟你们说说我祖上的事吧。听说我们祖上有人曾经是一位国王的手掌，国王用它创建了一种测量标准——从国王鼻子到伸出的手指指尖之间的距离表示 1 码（1 码 ≈ 914 毫米）。"

不要说这些"尺子"了，就连我听着也感觉很有趣，但是有趣并没有持续很久……

"丁零零……"熟悉又讨厌的声音突然响起。

早晨的闹钟铃声吵醒了我，吓跑了它们，原来是一场梦。

来到学校，我把梦告诉了米粒和高兴，他们分析说一定是因为

昨天的数学测验上我忘了带尺子，所以才会有这么多"尺子"跑到我梦里。

昨晚的梦让我萌生了一个想法，那就是把我、米粒和高兴手掌的宽度之和定为"1科学小超人"。

米粒和高兴都觉得这个想法很棒，我们一致决定周末去我和米粒家里量一量琥珀和小饭的身高分别有多少个"科学小超人"！

科学小贴士

在我的梦里，身体各部位都把自己称为尺子也不是毫无道理的，因为在尺子及其他测量工具被发明之前，人类身体的某些部位就曾充当过测量工具，完成一些简单的测量。

随着科学小超人的长大，"1科学小超人"的长度是会发生变化的。不过等我们长到一定年龄，我们的骨骼就基本停止生长了。到那时，"1科学小超人"的长度就可以定型啦！

12 月 19 日
星期三
失七的诅咒

其实一直以来，我们"科学小超人"都在为解除"失七的诅咒"而努力。直到今天，我们才在科普网站上看到了胜利的曙光。

也不记得是从什么时候开始，我们班上有了一个不成文的规定：每周抓七游戏中的第一个"失七者"，在星期五都得负责锁好教室门然后把钥匙送到保卫处，而且还要在下周一早上提早到学校保卫处领钥匙开门。高兴的数学不算差，可偏偏老是成为"失七者"，大家都说他像是中了"失七的诅咒"一样。

每个周五的午饭后，我们全班同学都会围成一个圈，然后依次报数，如果谁将要报出的数是 7 的倍数的话，那么那个人就要在胸前握拳，摆出"抓住"的姿势，来代替嘴巴喊出这个数。如果谁误喊出 7 的倍数，则会被叫作"失七者"，而第一个"失七者"就要在周五下午大扫除后最后一个离开教室。

自从有了这个规定，高兴几乎是蝉联了"失七者"这个称号。我和米粒也因此时常陪着高兴贪黑起早。周五留到最后锁门倒是没什么，就是周一早起去学校开门对我来说确实有点儿痛苦。要知道，我可是一个每天早上都得在闹钟的吵闹声中艰难起床的人！

不过现在不怕了，我们在科普网站上找到了解除"失七的诅咒"的三个方法，只要高兴熟练掌握这三个方法，"失七者"的称号一定离他远远的，我和米粒也不用贪黑起早了！

方法一：先和 70 说拜拜。

　　如果有两个数的差正好是 7 的倍数，我们就可以确定这两个数可能都是 7 的倍数，或者都不是 7 的倍数。所以，对于比 70 大的数，直接减去 70 是判断它是不是 7 的倍数的好办法。

　　方法二：把个位乘以 2 后得到的数字与个位前面的数字相减。

　　如果按照这个方法最后得出的差值是 7 的倍数，那么原来的数字也一定是 7 的倍数。例如 140，$0 \times 2 = 0$，14-0=14，14 是 7 的倍数，由此可以直接判断 140 也是 7 的倍数。不过要提醒的是，因为 0 也是 7 的倍数，所以像 63、84、126 之类的数字也都是 7 的倍数。

　　方法三：计算最后三位数和前面数的差。

如果数字的位数比较多，就可以用这一招了。例如100114，"100"和"114"的差是"14"，14是7的倍数，所以可以直接判断100114是7的倍数。

科学小贴士

科普网站不但让我们找到了解除"失七的诅咒"的方法，还告诉了我们如何确定自己需要多长时间睡眠的方法。

首先，闹钟依然设定在平时起床的时间，但是在前一晚要提前15分钟睡觉，然后等到第二天早上看看自己是不是被闹钟叫醒的。如果依然被闹钟叫醒，那么第二天晚上就需要再多提前15分钟睡觉，直到早上不是被闹钟叫醒为止。这样就可以知道自己究竟需要多长时间的睡眠了。

哈哈，我终于可以每天睡到自然醒了！

12月26日
星期三
童童复读机

如果我是一台复读机，那我应该不是一台好的复读机，至少今天不是……

童童复读机今天运作三次，复读错误两次，犯错率约为67%。

第一次运作

今天上学路上，我跟米粒转述昨晚高兴在电话里说的事。

高兴说，他爸爸的朋友从国外寄来了薄如纸张的糖，特别好吃。不过由于数量不多，今天带到班里，他"只给没有糖的人吃自己的糖"。

米粒听后提出一个疑问。她说，那高兴自己还能不能吃到自己的糖呢？

如果高兴已经吃了自己的糖，那他就应该是"有糖的人"，按他的说法他应该吃不到自己的糖。如果高兴不吃自己的糖，那他就是"没有糖的人"，他就应该能吃到自己的糖。

到校后米粒向高兴提出了自己的疑问，结果证明是我说漏了。高兴昨晚说的其实是："不过数量不多，如果不够的话，我就只能给没有糖的人吃我的糖了。然后你和米粒就先不给了，我自己也先不吃了，等到爸爸的朋友过两天再寄过来的时候再和你俩一起分着吃。"

第二次运作

今天数学课代表请了病假，课间经过教师办公室的我被数学老师喊去传达下午数学课的任务。

我拿着老师让我下发的纸片回到教室，模仿着老师的口气说："纸片上的圆上有 8 个距离相等的点，大家在下午数学课上课之前试着连接 8 个点，连出八角星。"

下午上课后数学老师很生气，因为她看到同学们分两笔连出

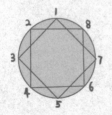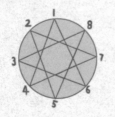

127

的八角星就知道我传错了话，她的原话是："大家在下午上数学课之前试着一笔连接8个点，连出八角星。"

放学前，数学老师给了我一个将功补过的机会，她让我传达今天回家后的任务。

走出办公室，我心里一直默念着老师布置的任务，直到回到教室向同学们传达完。我保证这次传达的一定正确。

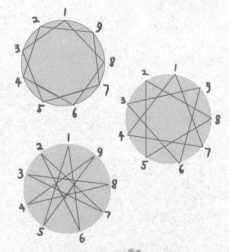

"今天回家后的任务是这样的，刚才发的纸片上的圆上有9个距离相等的点，大家回去后试着用三种方法连出九角星。提示是，三种方法中一种是分三笔完成的，两种是一笔完成的。"

128

今天转述别人的话三次，说错了两次，说到底还是因为我不够认真。

如果我以后要做一台复读机，我会是一台合格的复读机吗？

科学小贴士

米粒刚才跑来跟我说，她在书上看到一个理发师悖论。

从前有一位理发师给自己定了一条店规，店规规定："我只给不给自己剃胡子的人剃胡子。"店里的客人一直源源不断。直到有一天，理发师对着店里的镜子观察，发现自己的胡子太长了，他想给自己剃胡子。可是，他可以吗？

如果他给自己剃了，那他就是"给自己剃胡子的人"，按照店规，他就不能给自己剃；如果他没给自己剃，那他就是"不给自己剃胡子的人"，按照店规，他就可以给自己剃胡子。

理发师悖论也叫罗素悖论，罗素在 1902 年提出了这个悖论，它造成了第三次数学危机。

怎样做科学小实验

如果一栋大楼没有了地基会怎么样？天哪，感觉很恐怖吧！没有实验的科学推测就像是这样的大楼，根本站不住！有的现象要弄清是怎么回事，我们必须要动手试试才行。想想看，如果不是伽利略在比萨斜塔上扔下两个铁球，人们怎么也不会相信重量不同的铁球会同时落地。我记得高兴说过一句"名言"："如果科学是美味佳肴，那么科学实验就是做好这些佳肴的食材。"

我们"科学小超人"可不会忽视了实验的重要性！你一定想不到表面看起来风平浪静的后院，其实地下暗藏着米粒的实验场。前不久为了研究煤的形成，米粒竟然收集了整整一大箱木头埋在了地下。

不过每当提起这个实验，我的脑海里总是会浮现小饭团团转，妄想追到自己尾巴的画面。好吧，我承认这样"宏大"的实验对我们来说有些不切实际。不过，一些科学小实验我们却可以驾轻就熟，而且实验的器材也很容易获得。比如，我们制造静电时就用到了高兴的毛衣，不管怎么说，毛衣也算得上是"精密"器材了！

麻雀虽小，五脏俱全，所以即使是科学小实验也有些问题需要我们注意。其中，最重要的就是安全。还记

得上次米粒用纸杯烧水吗？虽然纸杯不会燃烧，但据说米粒后来还是受到了她爸妈狂风暴雨般的批评。所以，在做这样危险的实验前，一定要和大人沟通好。即便如此，对于我们这些"非专业人士"来说，危险的实验还是少做为好。据说美国一个叫马克·苏皮斯的软件工程师，一到晚上就摇身一变成了物理学家，他在一间仓库里建起了核聚变反应堆！我想如果哪天听说米粒也制作核聚变反应堆，那要抓狂的可就不只是她的爸妈了！

其次，在实验前制订一个周密的计划也不可忽视。"前虑不定，必有大患。"这句话我们可是深有体会！每次不假思索就马上开始的实验，过程中一定会是手忙脚乱。这时如果你来看我们的实验现场，一定会惊恐地认为这里刚刚发生过暴乱，因为到处都是一片狼藉。所以事先做好周密的计划，尽量做好实验的万全准备，不仅能大大提高效率，尽早且准确地达成实验目标，而且也是安全的保证之一。说到这儿，就不得不说一下高兴了。我原以为他独自做实验时一定有十分周密的计划，我记得他一年前就说要做一部简易电话，可是就像实施他的减肥方案一样，他的电话制作总是徘徊在构思阶段，至今也没有真正开始……

图书在版编目（CIP）数据

好玩的数学 / 肖叶，赵春燕著；杜煜绘. -- 北京：天天出版社，2024.3（2024.8重印）
（孩子超喜爱的科学日记）
ISBN 978-7-5016-2266-5

Ⅰ．①好… Ⅱ．①肖… ②赵… ③杜… Ⅲ．①数学—少儿读物 Ⅳ．①O1-49

中国国家版本馆CIP数据核字(2024)第049230号

责任编辑：陈 莎　　　　　　　文字编辑：程笛轩
责任印制：康远超 张 璞　　　美术编辑：曲 蒙

出版发行：天天出版社有限责任公司
地址：北京市东城区东中街 42 号　　　　　　**邮编**：100027
市场部：010-64169902　　　　　　**传真**：010-64169902
网址：http://www.tiantianpublishing.com
邮箱：tiantiancbs@163.com

印刷：北京鑫益晖印刷有限公司　　　**经销**：全国新华书店等
开本：710×1000　　1/16　　　　　　**印张**：8.25
版次：2024 年 3 月北京第 1 版　　**印次**：2024 年 8 月第 2 次印刷
字数：78 千字

书号：978-7-5016-2266-5　　　　　　　　　**定价**：30.00 元